岩 波 文 庫

33-951-1

20世紀科学論文集

現代宇宙論の誕生

須 藤　靖編

JN053402

岩 波 書 店

目　　次

総説　宇宙論の古典論文を読む（須藤　靖）⋯⋯⋯⋯　7

第Ⅰ章　重力場の方程式 ⋯⋯⋯⋯⋯⋯⋯⋯⋯⋯⋯⋯⋯　17
　論文解説（松原隆彦）　19
　ハミルトンの原理と一般相対性理論
　　アルベルト・アインシュタイン（内山龍雄訳）　31

第Ⅱ章　宇宙定数の導入 ⋯⋯⋯⋯⋯⋯⋯⋯⋯⋯⋯⋯⋯　45
　論文解説（横山順一）　47
　一般相対性理論についての宇宙論的考察
　　アルベルト・アインシュタイン（内山龍雄訳）　59

第Ⅲ章　膨張宇宙解の発見 ⋯⋯⋯⋯⋯⋯⋯⋯⋯⋯⋯　81
　論文解説（樽家篤史）　83
　空間の曲率について
　　アレクサンドル・フリードマン（樽家篤史訳）　97

4

第Ⅳ章　宇宙膨張の観測的発見 ·························· 117

　論文解説（須藤　靖）　119

　銀河系外星雲の動径速度を説明する定質量の膨張
　一様宇宙
　　ジョルジュ・ルメートル（須藤靖訳）　133

　銀河系外星雲の距離と動径速度の間の関係
　　エドウィン・ハッブル（須藤靖訳）　155

第Ⅴ章　ビッグバンモデルの提唱 ····················· 171

　論文解説（仏坂健太）　173

　膨張宇宙と元素の起源
　　ジョージ・ガモフ（仏坂健太訳）　183

　元素の起源
　　ラルフ・アルファー，ハンス・ベーテ，ジョー
　　ジ・ガモフ（仏坂健太訳）　189

　膨張宇宙における元素合成期の陽子・中性子の濃
　度比
　　林忠四郎（仏坂健太訳）　195

第Ⅵ章　宇宙マイクロ波背景輻射の発見 ············ 223

　論文解説（高田昌広）　225

　4080 Mc/s におけるアンテナ超過温度の測定
　　アーノ・ペンジアス，ロバート・ウィルソン
　　（高田昌広訳）　243

宇宙黒体輻射
　　ロバート・ディッケ，ジェームズ・ピーブルス，
　　ピーター・ロール，デイビッド・ウィルキンソン
　　（高田昌広訳）　249

　　編者・訳者・解説者紹介　267

総説　宇宙論の古典論文を読む

須 藤　靖

　われわれの住むこの世界がどのような構造をしており，い
かなる摂理に支配されているのかを探る学問を宇宙論と呼ぶ
ならば，それは近代科学の黎明以前からの哲学的考察の中心
的主題であったということができる．しかし，それが物理学
の一分野として確立するには，アインシュタインによる一般
相対論‡をまつ必要があった．今や宇宙論は，20世紀後半以
降もっとも著しい発展を遂げた科学分野の一つであるといっ
て間違いなかろう．

　しかしその一方で，日進月歩の宇宙論研究の進展に追われ
る結果，研究者であろうと，その基礎となった歴史的な論文
を読んだ経験をもつ人たちはほとんどいないのではあるまい
か．本書は，そのような古典的論文を選び，日本語に翻訳し
て，研究者のみならずより広い読者に紹介することを目的と
する．

　アインシュタインは，数年間にわたり複数の論文を発表
し，場合によっては以前の論文の誤りを自ら修正する形で，

---

‡ 英語では General Relativity と呼ばれているので，直訳すれば
　「一般相対性」となる．「一般相対性理論」と訳される場合もあるが，
　やや堅苦しいためか研究者は「一般相対論」を用いることが多く，
　本書でも一貫して「一般相対論」を用いる．

8

年	著者	内容	文献
1916	アインシュタイン	一般相対論の基礎	1
1916	アインシュタイン	変分法による定式化	2（第Ⅰ章）
1917	アインシュタイン	宇宙定数の導入	3（第Ⅱ章）
1917	ド・ジッター	ド・ジッター解	4
1922	フリードマン	膨張宇宙解	5（第Ⅲ章）
1927	ルメートル	ハッブル–ルメートルの法則	7（第Ⅳ章）
1929	ハッブル	ハッブル–ルメートルの法則	8（第Ⅳ章）
1929	ロバートソン	ロバートソン–ウォーカー計量	9
1931	ルメートル	1927年のフランス語原論文の英訳	10
1946	ガモフ	ビッグバンモデル	11（第Ⅴ章）
1948	アルファー他	$\alpha\beta\gamma$ 理論	12（第Ⅴ章）
1950	林忠四郎	原始中性子陽子比の導出	13（第Ⅴ章）
1965	ディッケ他	宇宙黒体輻射の理論	14（第Ⅵ章）
1965	ペンジアス, ウィルソン	宇宙黒体輻射の発見	15（第Ⅵ章）

徐々に一般相対論を完成させていった．それらをまとめた論文が文献1であり，基礎から解きほぐして説明する優れた教科書のようなスタイルの論文である．

　本書では，宇宙論の基礎に関するアインシュタインの論文として，2本を選んだ．文献2は，一般相対論の基礎方程式である重力場の方程式が満たす対称性とハミルトンの原理の関係について述べたものである．アインシュタインが一般相対論を完成させる最終段階では，著名な数学者ヒルベルトと熾烈な競争を行っていたことが知られている（例えば文献18）．実は，著名な数学者ヒルベルトは，このハミルトンの原理を用いて一般相対論の基礎方程式を，アインシュタインより以前に導いている．この基礎方程式はアインシュタイン

方程式と呼ばれている一方で，ハミルトンの原理に従ってその方程式を導く作用が，アインシュタイン–ヒルベルト作用と呼ばれているのはそのためである．

　文献3では，アインシュタイン方程式から宇宙の時空モデルを導いている．その過程で，宇宙の時空が時間変化しない静的な解をもつためには，アインシュタイン方程式に宇宙定数という新たな項を付け加える必要があると結論した．文献3で得られた解は，アインシュタイン解と呼ばれ，正の宇宙定数をもち，一様な物質密度で満たされた有限体積宇宙モデルである．本書では第Ⅰ章と第Ⅱ章で，それぞれ文献2と3の背景と意義を解説した上で，内山龍雄氏によるドイツ語の原論文からの日本語訳（文献16）を転載することとした．転載を許可くださった内山徹真氏と共立出版に感謝申し上げる．

　当時，文献3のアインシュタイン解と並んで知られていた宇宙モデルが，ド・ジッターが1916年から1917年にかけて発表した3つの論文（文献4）で導かれたド・ジッター解である．これは，物質が存在せず宇宙定数のみがあるモデルに対応しており，現実的とは言えないものの，アインシュタイン解と比較され，どちらが実際の宇宙に対する近似的なモデルとして妥当であるかが議論された．このド・ジッター解は，現在では宇宙初期の指数関数的膨張の近似モデルとして広く用いられている．ただし当時は，現在とは異なる座標系が用いられており，時間変化する膨張宇宙ではなく，静的な

宇宙に対応するものと解釈されていた.

　さて，エディントンは1923年の教科書『相対論の数学的理論』(文献6)において，スライファーによる渦巻星雲(現在の渦巻銀河に対応する)の後退速度の観測データを表にまとめ，ド・ジッター解との比較を詳細に論じている. ほとんどの遠方の星雲がわれわれから遠ざかっているというスライファーの発見を，時間変化しない宇宙における物体の運動の性質として理解しようとしたのである. 現在のわれわれは，これこそ宇宙が膨張している明白な観測的証拠だと学ぶのだが，その解釈に至るまでの試行錯誤が垣間見えて極めて興味深い.

　ちょうどその頃，ドイツでもイギリスでもなくロシアで，アインシュタイン方程式を素直に解いて，時間変化する宇宙モデルを導いた論文「空間の曲率について」が発表される(文献5). これは現在フリードマン解として知られる，もっとも基本的な一様等方宇宙モデルである. 第Ⅲ章では，1922年のドイツ語原論文ではなく，1999年に発表された英訳を日本語に翻訳した.

　このフリードマンの論文はあまり知られておらず，宇宙が時間変化し膨張することを発見したのは，観測データに基づく1929年のハッブルの論文「銀河系外星雲の距離と動径速度の間の関係」(文献8)であると考えられてきた. しかし，ベルギーの神父であるルメートルが1927年にフランス語で発表した論文「銀河系外星雲の動径速度を説明する定質量の

膨張一様宇宙」(文献 7)で，この「ハッブルの法則」を発見していたことが明らかとなっている．このため，2018 年の国際天文学連合総会での議論を通じて，その関係式をハッブル–ルメートルの法則と呼ぶことが推奨されるようになった．

　このフランス語の原論文の英訳は 1931 年に発表されている．しかし奇妙なことに，その英訳版(文献 10)からは「ハッブルの法則」に関する記述がごっそりと削除されている．第 IV 章では，ルメートルのフランス語の原論文とハッブルの原論文である文献 7 と 8 の日本語訳を示すともに，宇宙膨張の発見にまつわる歴史を紹介する．

　第 IV 章までで取り上げた宇宙モデルとは，いわば一般相対論から導かれる時空の力学的モデルである．宇宙が，入れ物としての時空と，その中身としての物質からなるとみなすならば，前者の時空の時間変化に対応して，後者の物質の進化をも同時に考察するべきである．その意味において，初めて宇宙そのものの進化を物理学に基づいて考察したのはガモフである．1946 年にガモフは，論文「膨張宇宙と元素の起源」で，宇宙初期の高温高密度の時期に，すべての元素が合成されたというアイディアを提案した(文献 11)．アルファー，ベーテ，ガモフは論文「元素の起源」(文献 12)でこれをさらに発展させた．これらの研究が現在ビッグバンモデルと呼ばれる標準宇宙論の嚆矢である．

　ガモフは，宇宙初期の物質が実質的にすべて中性子であるとの人為的な仮定を用いていた．さもなければ，陽子同士の

電気的反発力のために，それらが十分近づいてより大きな原子核を合成することができないからである．しかし，実際には宇宙の物質の中性子と陽子の個数密度の比は物理法則から決まる．ガモフの仮定の誤りを指摘し，宇宙の元素の起源に対する重要な貢献を行ったのが，林忠四郎の 1950 年の論文「膨張宇宙における元素合成期の陽子・中性子の濃度比」（文献 13）である．

　今では，初期宇宙でヘリウムよりも重い元素は合成されないことが明らかになっている．一方で，予想されるヘリウムの量が観測値とよく一致することから，それがかつて宇宙が高温高密度の状態（ビッグバン）を経験した観測的証拠だと解釈できる．第 V 章では，ビッグバン元素合成に関する古典的論文である文献 11, 12, 13 を取り上げた．

　最後の第 VI 章では，ビッグバン宇宙モデルの直接的な観測的証拠であるのみならず，この宇宙の詳細な情報源となっている宇宙マイクロ波背景輻射（CMB）に関する 2 つの論文を取り上げる．一般相対論の自然な予言である時間変化する宇宙モデルがなかなか受け入れられなかった事実と同じく，ガモフのビッグバンモデルもすぐに市民権を得たわけではない．その状況を一変させたのは，1965 年の，ペンジアスとウィルソンによる宇宙マイクロ波背景輻射の発見である．その論文「4080 Mc/s におけるアンテナの超過温度の測定」（文献 15）はわずか 2 ページしかない．しかも，その物理学的意義の議論は，彼らの論文の一つ前に掲載されているディ

ッケらの理論論文「宇宙黒体輻射」(文献 14)にすべて委ねている.

　文献 14 はビッグバンモデルの物理を詳細に説明したものであるが,著者たちはガモフの先行研究をよく知らなかったとされている.筆頭著者のディッケは,理論と実験の両面においてプリンストン大学の宇宙物理研究グループを率いたリーダーであった.ペンジアスとウィルソンは 1978 年のノーベル物理学賞を受賞しているが,そのときにはガモフはすでに亡くなっており,ディッケが 3 人めとして共同受賞すべきではなかったかとの意見もある.第 2 著者のピーブルズは理論家で 2019 年にノーベル物理学賞を受賞した.第 4 著者のウィルキンソンは,2003 年に打ち上げられ宇宙論に大きな貢献をした宇宙マイクロ波背景輻射観測衛星である WMAP (Wilkinson Microwave Anisotropy Probe)に名を残すほどの偉大な実験家であった.

　以上述べた一般相対論から宇宙論に至る歴史的発展の詳細は,文献 17 を参照されたい.

*1　A. Einstein, "Die Grundlage der allgemeinen Relativitätstheorie", *Ann. der Physik*, **49** (1916), 769.

*2　A. Einstein, "Hamiltonsches prinzip und allgemeine Relativitätstheorie", *Sitzungsberichte der Königlich Preußischen Akademie der Wissenschaften* (Berlin), Seite pp. 1111-1116 (1916).

*3　A. Einstein, "Kosmologische Betrachtungen zur allge-

14

meinen Relativitätstheorie", *Sitzungsberichte der Königlich Preußischen Akademie der Wissenschaften* (Berlin), Seite pp. 142-152 (1917).

*4 W. de Sitter, "On Einstein's Theory of Gravitation and its Astronomical Consequences", First paper, *MNRAS*, **76** (1916), 699; Second paper, *MNRAS*, **77** (1916), 155; Third paper, *MNRAS*, **78** (1917), 3.

*5 A. Friedmann, "Über die Krummung des Raumes", *Zeitschrift für Physik*, **21** (1922), 377, (英訳)： Friedman, A. "On the Curvature of Space", *General Relativity and Gravitation*, **31** (1999), 1991.

*6 A. Eddington, "The Mathematical Theory of Relativity" (Cambridge University Press, 1923).

*7 G. Lemaître, "Un Univers homogène de masse constante et de rayon croissant rendant compte de la vitesse radiale des nébuleuses extra-galactiques", *Annales de la Société Scientifique de Bruxelles*, **A47** (1927), 49.

*8 E. Hubble, "A Relation between Distance and Radial Velocity among Extra-Galactic Nebulae", *Proceedings of the National Academy of Sciences of the United States of America*, **15** (1929), 168.

*9 H. P. Robertson, "On the foundation of relativistic cosmology", *Proceedings of the National Academy of Sciences of the United States of America*, **15** (1929), 822.

*10 G. Lemaître, "Expansion of the universe, A homogeneous universe of constant mass and increasing radius accounting for the radial velocity of extra-galactic nebulae", *MNRAS*, **91** (1931), 483.

*11 G. Gamow, "Expanding Universe and the Origins of Elements", *Phys. Rev*, **70** (1946), 572.

*12 R. A. Alpher, H. Bethe, and G. Gamow, "The Origin of Chemical Elements", *Phys. Rev*, **73** (1948), 803.

*13 C. Hayashi, "Proton-Neutron Concentration Ratio in the Expanding Universe at the Stages preceding the Formation of the Elements", *Prog. Theor. Phys.*, **5** (1950), 224.

*14 R. H. Dicke, P. J. E. Peebles, P. G. Roll and D. T. Wilkinson, "Cosmic black-body radiation", *Astrophys. J.*, **142** (1965), 414.

*15 A. A. Penzias and R. W. Wilson, "A measurement of excess antenna temperature at 4080 Mc/s", *Astrophys. J.*, **142** (1965), 419.

*16 湯川秀樹 監修，内山龍雄 訳編 『アインシュタイン選集 2（一般相対性理論および統一場理論）』（共立出版，1970）

*17 ヘリェ・クラーウ著，竹内努，市來淨與，松原隆彦 共訳 『人は宇宙をどのように考えてきたか──神話から加速膨張宇宙にいたる宇宙論の物語』（共立出版，2015），Helge S. Kragh, "Conceptions of Cosmos: From Myths to the Accelerating Universe: A History of Cosmology"（Oxford University Press, 2007）.

第 I 章

重力場の方程式

論文解説

松原隆彦

1　論文の背景

　現代宇宙論において，一般相対論は中心的な役割を演じる．アインシュタイン(Albert Einstein: 1879-1955)によって一般相対論が完成されるまでは，ニュートン力学に基づいて宇宙全体の振る舞いを推測するほかなかった．だが，ニュートン力学では，時空間が物質の運動の背景に横たわる固定されたものであったので，宇宙全体の振る舞いとはその中にある物質の振る舞いそのものであった．アインシュタインが一般相対論を完成させると，それまで単なる背景だった時空間そのものが力学的に変化する自由度をもった物理的対象であることが明らかにされ，宇宙論の研究は質的に大きく変容した．もはや宇宙は時空間とその中にある物質が影響しあって変化するものと捉えられるようになったのである．それ以来，一般相対論は現代宇宙論の基礎となる最も基本的な理論の地位を保ち続けている．

　一般相対論の基本方程式はアインシュタイン方程式である．アインシュタインは彼にとって奇跡の年と呼ばれる 1905 年に特殊相対論を発表し，それまでの物理学における時空間の概念をひっくり返した．だが，その理論は慣性系の間の関係

を取り扱うものであって，加速系を含む関係を統一的な視点から取り扱えるものではなかった．そこで次に特殊相対論の一般化に取り組み始めたのである．1907 年ごろに思いついた等価原理を元にして新しい重力理論を追い求め，長期間にわたる物理的な考察と試行錯誤の結果，1915 年末に最終的なアインシュタイン方程式を導き出して一般相対論の数学的定式化を完成させた．アインシュタインはこの完成に至るまでに，今から見れば間違った考察が含まれているものも含めて，多くの論文を発表している．

1911 年に発表された論文「光の伝播に対する重力の影響」[*1] において一般相対論の本質的な指導原理である等価原理が説明されている．等価原理とは，重力と慣性力が物理的に区別がつかないことから，それが本質的に同じもの，すなわち等価なものだとみなすことである．次に 1913 年に発表された論文「一般相対論および重力論の草案」[*2] では，数学者グロスマン（Marcel Grossmann: 1878-1936）の助けを借りて，湾曲した時空を扱うテンソル解析の手法を使って等価原理を数学的に定式化しようと試みている．そして 1915 年に発表された論文「一般相対論について」[*3] において，重力場の方程式であるアインシュタイン方程式をついに導き出している．また，同じ年に発表された「水星の近日点の移動に対する一般相対論による説明」[*4] では，それまでのニュートン重力理論では説明できなかった水星の近日点移動が一般相対論によって定量的に説明できることを示した．翌年 1916

年に出版された論文「一般相対論の基礎」[*5] では，ついに完成に至った一般相対論の全貌を，基礎的な考え方から数学的な定式化の詳細に至るまで，極めて詳しく説明している．

　本章で取り上げる論文「ハミルトンの原理と一般相対性理論」(1916)[*6] は，こうして完成に至った一般相対論の数学的な性質を，対称性の観点から論じたものである．具体的には，力学におけるハミルトンの原理を用いた一般相対論の定式化から出発して，一般座標変換に対する不変性から物質のエネルギー運動量保存則が導かれることを示した．ハミルトンの原理とは，一般的な解析力学の手法であり，変分原理または最小作用の原理とも呼ばれることがある．この原理によって一般相対論の基礎方程式が導かれることは，本論文の冒頭に書かれているように，本論文よりも前にローレンツ (Henderik Antoon Lorentz: 1853-1928) とヒルベルト (David Hilbert: 1862-1943) によって示されている．とくに，高名な数学者であるヒルベルトは 1915 年の中頃にアインシュタインの重力理論を構築する試みに興味をもち，まさにこの変分原理を用いてアインシュタイン方程式を独自に導出した（本論文の最初のページに掲げられている文献）．興味深いことに，ヒルベルトがこの論文を学術雑誌に投稿した日付の 1915 年 11 月 20 日は，アインシュタインが彼の方程式を導出した論文を投稿した日付 1915 年 11 月 25 日よりも 5 日早い．当時，両者はお互いに連絡を取りながら研究を進めていたので，アインシュタイン方程式を最初に導き出したの

が誰なのかという点について，科学史家の間でも論争に決着がついていないようだ[*7]．だが，それによって一般相対論がアインシュタインの独創によって生み出されたという点が揺らぐことはないであろう．

2　論文を読み解くための予備知識

　以下では，蛇足になるかもしれないが，読者が本論文を読み解くための助けとなるかもしれない予備知識を述べておこう．まず，ハミルトンの原理もしくは変分原理というのは，一般に力学方程式の解が作用積分と呼ばれる量の停留値になるという原理のことを指す．作用積分とは，力学変数の時間変化を表す関数の形ごとに定まる数である．一般に力学変数 q を時間変数 t の関数として $q(t)$ と表し，さらにその時間微分を $\dot{q}(t)$ と表すとき，作用積分は

$$S = \int_{t_1}^{t_2} L\left(q(t), \dot{q}(t), t\right) dt \qquad \text{(i)}$$

で与えられる．ここで t_1 と t_2 は考えている系の初期時刻と終時刻であり，$q_1 = q(t_1)$ と $q_2 = q(t_2)$ を固定した場合にその間の時刻での運動を考える．また被積分関数である $L(q, \dot{q}, t)$ はラグランジアンと呼ばれる関数であり，考えている力学系の運動を決定する基本的な関数である．ここで q_1 と q_2 を固定してその間の時間変化を表す関数 $q(t)$ を少しだけ違った関数に置き換えたとしても，作用積分が線形近似の範囲で変化しないというのがハミルトンの原理である．この

関数 $q(t)$ の関数形を少しだけ異なった関数にしたときの変化のことを変分 $\delta q(t)$ といい，この変分に対する作用積分の変化を δS と表す．ここで変数の前につけられた δ 記号は，その後ろに記された関数の微小変化を表し，微小変化の2次以上の非線形項は無視するものとする．したがって，考えている力学系の時間発展は，ハミルトンの原理によれば $\delta S = 0$ で与えられることになる．この方程式が本論文の最初にあらわれている(1)式に対応する．ただし，上の例では力学系の自由度が1変数である場合を示したが，q が多変数の場合であってもまったく同様である．

　一般相対論の力学変数は時空の各点に定義された計量テンソル $g_{\mu\nu}$ である．計量テンソルは時空の湾曲具合を表す基本的な変数で，無限小だけ離れた時空の2点間の座標値の差 dx^μ から作った次の量

$$ds^2 = g_{\mu\nu}dx^\mu dx^\nu \tag{ii}$$

が座標変換によって値を変えない不変量となる．ただし，一つの項の中に2回現れる同じ添字については和の記号を省略する．これが本論文の(9)式に与えられている．ここで μ, ν は4次元の時空座標を区別する添字であり，その値が1から3の場合は3次元の空間座標を表し，0または4の場合は1次元の時間座標を表す．アインシュタインの論文が書かれた時代には，時間座標を4で指定することが多かったが，現代では0で指定することが多い．本論文の中ではどちら

でも内容に影響はない。計量テンソルを与えれば，時空の幾何学的性質は一意的に定められる。ただし，座標変換により座標値の差 dx^μ は値を変えるので，上の式(ii)が不変量になるには，計量テンソル $g_{\mu\nu}$ も同時に値を変える必要がある。その値は座標変換を指定すれば一意的に定まり，一つの座標系で値を指定すれば，他のどんな座標系における値も求めることができる。したがって，本論文における(9)式が一つの不変量であると仮定すれば，$g_{\mu\nu}$ の変換性が決められるのである。このことが本論文における基本的な仮定となっている。

　計量テンソルは時間 t もしくは座標 $x^0 = ct$ に依存すると共に空間座標 (x^1, x^2, x^3) にも依存する。したがって空間の点の数だけ自由度をもつ無限個の変数となるのだが，この場合にも一般相対論の方程式がハミルトンの原理から導かれる。一般相対論における作用積分は，論文の参考文献にも掲げられている 1915 年に出版されたヒルベルトの論文で初めて導かれた。その作用積分は現代的な記法で書けば

$$S = \int \left(\frac{c^4}{16\pi G} R + \mathcal{L}_\mathrm{m} \right) \sqrt{-g}\, d^4 x \qquad \text{(iii)}$$

で与えられる。第1項の積分はアインシュタイン–ヒルベルト作用と呼ばれるもので，第2項の積分は時空中に連続的に分布する物質の作用積分である。ここで $d^4 x = dx^0 dx^1 dx^2 dx^3$ は論文中で $d\tau$ と書かれているものと同じであり，$g = \det(g_{\mu\nu})$ は計量テンソルの行列式を表す。この

とき，$\sqrt{-g}\,d^4x$ は座標変換について値を変えない不変量になることが示される．被積分関数である R はスカラー曲率と呼ばれる時空の湾曲を表す量であり，これも座標変換について値を変えないスカラー量である．したがって，アインシュタイン–ヒルベルト作用自体も座標変換について値を変えないスカラー量であり，これは一般相対論自体が座標変換について方程式の内容が変わらない共変な理論であることを反映している．

　スカラー曲率は計量テンソル $g_{\mu\nu}$ やその時空座標に関する微分で与えられる．その具体形は次のとおりである．まず，クリストッフェル記号もしくは接続係数と呼ばれる次の量

$$\Gamma^{\mu}_{\ \nu\lambda} = \frac{1}{2}\,g^{\mu\rho}\left(\frac{\partial g_{\rho\lambda}}{\partial x^{\alpha}} + \frac{\partial g_{\rho\nu}}{\partial x^{\lambda}} - \frac{\partial g_{\lambda\nu}}{\partial x^{\rho}}\right) \qquad \text{(iv)}$$

から作られる 4 階テンソル

$$R^{\mu}_{\ \nu\alpha\beta} = \frac{\partial \Gamma^{\mu}_{\ \beta\nu}}{\partial x^{\alpha}} - \frac{\partial \Gamma^{\mu}_{\ \alpha\nu}}{\partial x^{\beta}} + \Gamma^{\mu}_{\ \alpha\lambda}\Gamma^{\lambda}_{\ \beta\nu} - \Gamma^{\mu}_{\ \beta\lambda}\Gamma^{\lambda}_{\ \alpha\nu} \qquad \text{(v)}$$

を曲率テンソルという．ただし，$g^{\mu\nu}$ は計量テンソル $g_{\mu\nu}$ の逆行列を表す．この 4 階テンソルの添字の和をとって作られる 2 階テンソル

$$R_{\mu\nu} = R^{\lambda}_{\ \mu\lambda\nu} \qquad \text{(vi)}$$

をリッチ・テンソルという．さらにリッチ・テンソルから

$$R = g^{\mu\nu} R_{\mu\nu} \tag{vii}$$

という量を作れば，これは座標変換について値を変えないス
カラー量となる．これがアインシュタイン–ヒルベルト作用
に現れるスカラー曲率の定義である．この定義をさかのぼっ
てみれば，スカラー曲率 R は計量テンソル $g_{\mu\nu}$ の 2 階微分
については一次式となっていて，その係数はただ $g^{\mu\nu}$ にの
み依存することがわかる．これが本論文の(2)式の前に書か
れている仮定の一つである．

　上に与えられる作用積分について，計量テンソル $g_{\mu\nu}$ に
関する変分をゼロとおけば，アインシュタイン方程式

$$R_{\mu\nu} - \frac{1}{2} g_{\mu\nu} R = \frac{8\pi G}{c^4} T_{\mu\nu} \tag{viii}$$

が導かれる．ここで，$T_{\mu\nu}$ はエネルギー運動量テンソルと
呼ばれる量で，時空間の各点に存在する物質の密度や圧力な
どによって決まる．変分原理によってアインシュタイン–ヒ
ルベルト作用からアインシュタイン方程式を導くことは，最
初にも述べたようにヒルベルトの論文で最初に行われた．た
だし，ヒルベルトの論文では物質のエネルギー運動量テンソ
ルとして電磁場を想定しており，その意味では物質の性質に
関して必ずしも一般的でない仮定が含まれている．

　アインシュタインの本論文では，こうした具体的な方程式
を用いずに，対称性の観点から一般相対論の数学的性質を形
式的に調べたものである．具体的なアインシュタイン方程式

もしくはアインシュタイン-ヒルベルト作用の形は論文中に
出てこない．すなわち，論文中で仮定されている性質を満た
す力学系があれば，常に成り立つ議論であるとして展開され
ている．その主要な結論は，論文の式(10)で与えられる無
限小変換を考えたときに作用積分が不変に保たれるという一
般相対性の要請から，運動量およびエネルギーの保存則が導
かれる，というものである．物理系に時間対称性や空間対称
性が存在するとき，エネルギーや運動量保存則が成り立つこ
とは，質点系の古典力学でも知られているが，それが一般相
対性を満たす重力理論でもかなり一般的に成り立つことを示
したことになっている．後に証明された一般的なネーターの
定理[*8]によると，物理系に連続的な対称性があれば，それ
に対応する保存則が必然的に現れる．アインシュタインのこ
の論文は，一般座標変換に対する対称性とエネルギーと運動
量の保存則の関係を一般的に結びつけているという意味で，
ネーターの定理における具体例と捉えることもできる．

　ただし，一般相対論における重力場のエネルギーや運動量
は，一般座標変換に対するテンソル量としては定義できな
い．論文中では t_σ^ν が重力場のエネルギー成分とよばれてい
るが，内山による訳注にも書かれているように，これは一般
にはテンソル量ではない．すなわち観測者に依存する形でし
か定義されないものである．このことは等価原理と関係して
いる．重力は他の力と違い，局所慣性系を選ぶことによって
消しさってしまうことができる．ある座標系ですべての成分

がゼロになるようなテンソルは，他の座標系でも必ずすべて
の成分がゼロになる．つまり，重力のエネルギーや運動量を
表す量が一般座標変換におけるテンソルであれば，等価原理
に矛盾するのである．遠方の時空間が平坦であるなど特殊な
場合を除けば，完全に一般的な状況において重力のエネルギ
ーの定義を一意的に与えることはできないことが知られ，後
年の研究者たちによってより好ましい性質をもつ別の定義も
いくつか提案されている．

*1 A. Einstein, "Über den Einfluß der Schwerkraft auf die
    Ausbreitung des Lichtes", *Ann. der Phys.*, **35** (1911),
    898.
*2 A. Einstein, M. Grossmann, "Entwurf einer verall-
    gemeinerten Relativitätstheorie und eine Theorie der
    Gravitation", *ZS. f. Math. u. Phyus.*, **62** (1913), 225.
*3 A. Einstein, "Zur allgemeinen Relativitätstheorie", *S.
    B. Preuss. Akad. Wiss.* (1915), 778; Nachtrag, 799.
*4 A. Einstein, "Erklärung der Perihelbewegung des
    Merkur aus der allgemeinen Relativitätstheorie", *S. B.
    Preuss. Akad. Wiss.* (1915), 831.
*5 A. Einstein, "Die Grundlage der allgemeinen Rela-
    tivitätstheorie", *Ann. der Phys.*, **49** (1916), 769.
*6 A. Einstein, "Hamiltonsches prinzip und allgemeine
    Relativitätstheorie", *S. B. Preuss. Akad. Wiss.* (1916),
    1111.
*7 L. Corry, J. Renn, J. Stachel, "Belated Decision in the

Hilbert-Einstein Priority Dispute", *Sicence*, **278** (1997),
1270; F. Winterberg, "On Belated Decision in the
Hilbert-Einstein Priority Dispute, published by L.
Corry, J. Renn, and J. Stachel", *Z. Naturforsch*, **59**a
(2004), 715.

*8 E. Noether, "Invariante Variationsprobleme", *Nachr.
Ges. Wiss.* (1918), 235.

ハミルトンの原理と一般相対性理論

アルベルト・アインシュタイン(内山龍雄訳)

　最近，ローレンツおよびヒルベルト*1 は，一般相対性理論の方程式を変分原理†1 から導くことによって，一般相対性理論をとくに見通しのよいものにした．これと同じことが，ここに紹介する論文でもこれから行なわれる．その際に私の目的は，基本的関係をできるだけ見通しのよいものとして，また一般相対性†2 の観点から許される範囲で，できるだけ一般的な形で展示することにある．とくにヒルベルトの説明とは反対に，物質の構成については特殊な仮定をできるだけ少なくすることに努める．また一方，この問題に対する私自身の最近の論文とは異なり，座標系の選択については制限を設けないようにする．

§1　変分原理と，重力場および物質の方程式

　重力場はテンソル†3 $g_{\mu\nu}$（ならびに $g^{\mu\nu}$）*2 で表わされる．

また物質（電磁場をも含めて）は，任意の個数の時間・空間座標の関数 $q_{(\rho)}$ で表わされる．これの不変論的性質（すなわち座標変換に対する $q_{(\rho)}$ の変換規則）はどんなものでもかまわない．また $\mathfrak{H}$ は

$$g^{\mu\nu}, \quad g_\sigma^{\mu\nu}\left(=\frac{\partial g^{\mu\nu}}{\partial x^\sigma}\right), \quad g_{\sigma\tau}^{\mu\nu}\left(=\frac{\partial^2 g^{\mu\nu}}{\partial x^\sigma \partial x^\tau}\right), \, q_{(\rho)}$$

$$\text{および} \quad q_{(\rho)_\alpha}\left(=\frac{\partial q_{(\rho)}}{\partial x^\alpha}\right)$$

の一つの関数とする．そうすれば変分原理

$$\delta\left\{\int \mathfrak{H} d\tau\right\} = 0 \tag{1}$$

は[†4]，未知関数 $g_{\mu\nu}$ および $q_{(\sigma)}$ の総数と同じ個数の微分方程式を与える．ただし $g^{\mu\nu}$ および $q_{(\rho)}$ に対しては互いに独立に変分をとるものとし，しかも積分域の境界面上では $\delta q_{(\rho)}$, $\delta g^{\mu\nu}$ および $\partial\delta g_{\mu\nu}/\partial x^\sigma$ はすべて 0 になるものとする．

さて $\mathfrak{H}$ は $g_{\sigma\tau}^{\mu\nu}$ に対して 1 次式で，かつその係数はただ $g^{\mu\nu}$ のみに依存するものと仮定する．そうすれば，変分原理(1)は，われわれに都合のよい形におきかえることができる．すなわち適当に部分積分することによって

$$\int \mathfrak{H} d\tau = \int \mathfrak{H}^* d\tau + F \tag{2}$$

となる．ここで F は，ここに考えている積分域の境界面上における積分を表わし，一方 $\mathfrak{H}^*$ は，ただ $g^{\mu\nu}$, $g_\sigma^{\mu\nu}$, $q_{(\rho)}$,

$q_{(\rho)\alpha}$ のみの関係で，$g^{\mu\nu}_{\sigma\tau}$ にはもはや無関係な量である．そこでわれわれがいま考えているような変分に対しては，(2) から

$$\delta \left\{ \int \mathfrak{H} d\tau \right\} = \delta \left\{ \int \mathfrak{H}^* d\tau \right\} \tag{3}$$

が成り立つ．したがって，われわれの変分原理(1)は，それより便利な

$$\delta \left\{ \int \mathfrak{H}^* d\tau \right\} = 0 \tag{1a}$$

におきかえられる．

　$g^{\mu\nu}$ および $q_{(\rho)}$ についての変分を行なうと，重力場および物質に対する方程式として次のものが得られる[*3]．

$$\frac{\partial}{\partial x^\alpha} \left(\frac{\partial \mathfrak{H}^*}{\partial g^{\mu\nu}_\alpha} \right) - \frac{\partial \mathfrak{H}^*}{\partial g^{\mu\nu}} = 0 \tag{4}$$

$$\frac{\partial}{\partial x^\alpha} \left(\frac{\partial \mathfrak{H}^*}{\partial q_{(\rho)\alpha}} \right) - \frac{\partial \mathfrak{H}^*}{\partial q_{(\rho)}} = 0 \tag{5}$$

§2　重力場の分離

　$\mathfrak{H}$ が $g^{\mu\nu}$, $g^{\mu\nu}_\sigma$, $g^{\mu\nu}_{\sigma\tau}$, $q_{(\rho)}$, $q_{(\rho)\alpha}$ にどのようなぐあいに依存するかについて，なんら特別な仮定をしないならば，全系のエネルギーを二つの部分に分離させることはできない．ここで二つの部分の中の一つは重力場[†5] のエネルギーを，他は物質に属するエネルギーを表わすものとする．そこでこの

ような特性を理論に与えるために

$$\mathfrak{H} = \mathfrak{G} + \mathfrak{M} \tag{6}$$

のような形をするものと仮定する．ここで $\mathfrak{G}$ は $g^{\mu\nu}$, $g^{\mu\nu}_{\tau}$, $g^{\mu\nu}_{\sigma\tau}$ のみの関数であり，$\mathfrak{M}$ はただ $q_{(\rho)}$, $q_{(\rho)\alpha}$ および $g^{\mu\nu}$ のみに依存するものとする．このようにすれば，方程式(4)および(5)は次のような形になる．

$$\frac{\partial}{\partial x^{\alpha}}\left(\frac{\partial\mathfrak{G}^{*}}{\partial g^{\mu\nu}_{\alpha}}\right) - \frac{\partial\mathfrak{G}^{*}}{\partial g^{\mu\nu}} = \frac{\partial\mathfrak{M}}{\partial g^{\mu\nu}} \tag{7}$$

$$\frac{\partial}{\partial x^{\alpha}}\left(\frac{\partial\mathfrak{M}}{\partial q_{(\rho)\alpha}}\right) - \frac{\partial\mathfrak{M}}{\partial q_{(\rho)}} = 0 \tag{8}$$

ここで $\mathfrak{G}^{*}$ と $\mathfrak{G}$ との関係は $\mathfrak{H}^{*}$ と $\mathfrak{H}$ との関係と同じものである．

もし $\mathfrak{M}$ ならびに $\mathfrak{H}$ が $q_{(\rho)}$ の1階より高い階数の微係数に依存するものとすれば，方程式(8)および(5)は，異なった形のものになることはすぐに気づくであろう．また $q_{(\rho)}$ は互いに独立ではなくて，ある条件式によって互いに関係づけられているような場合をも考えることができる．しかし，このようなことはこれからさきの議論にとって重要なことではない．というのは，これからの議論は，$\mathfrak{H}^{*}$ の積分(すなわち作用積分)を $g^{\mu\nu}$ について変分することによって得られる方程式(7)だけをその基礎とするからである．

§3　重力場の方程式の不変論的特性

ここで

$$ds^2 = g_{\mu\nu}dx^\mu \cdot dx^\nu \tag{9}$$

が一つの不変量であると仮定する．この仮定により $g_{\mu\nu}$ の変換性が決められる．しかし物質を記述する $q_{(\rho)}$ の変換性については，われわれはなんら特別な仮定をしないことにする．しかし

$$H = \frac{\mathfrak{H}}{\sqrt{-g}}, \quad G = \frac{\mathfrak{G}}{\sqrt{-g}} \quad \text{および} \quad M = \frac{\mathfrak{M}}{\sqrt{-g}}$$

は時間・空間座標の任意の変換に対して，すべて不変量であるとする．この仮定の結果として，(1)から導かれる方程式(7)および(8)は一般共変性をもつことになる．さらに G としては(比例定数を別にすれば)リーマンの曲率テンソル[†6]からつくられたスカラーを採ればよいこともわかる．なぜならば，G に対して要求されている特性をもった不変量はほかには存在しないから[*4]．この結果 $\mathfrak{G}^*$ も，したがってまた方程式(7)の左辺も完全に決められてしまう[*5]．

　一般相対性の要請から関数 $\mathfrak{G}^*$ のある特性が導かれる．それをこれから示そう．そのためには

$$x^{\nu\prime} = x^\nu + \Delta x^\nu \tag{10}$$

によって与えられる，座標の無限小変換を考えよう．ここ
で Δx^ν は座標の任意の関数で，無限小量とする．$x^{\nu\prime}$ は新
しい座標系を基準にしたときのある一つの世界点の座標で，
もとの座標系から見たときのこの点の座標は x_ν である．座
標に対すると同様に，他の任意の量 ψ に対しても

$$\psi' = \psi + \Delta\psi$$

のようなタイプの変換規則が成り立つものとする．ここで
$\Delta\psi$ は Δx^ν を使って書き表わされるものとする．$g^{\mu\nu}$ の共
変性から，$g^{\mu\nu}$ および $g^{\mu\nu}_\sigma$ に対して，それらの変換規則を
容易に導くことができる．すなわち

$$\Delta g^{\mu\nu} = g^{\mu\alpha}\frac{\partial \Delta x^\nu}{\partial x^\alpha} + g^{\nu\alpha}\frac{\partial \Delta x^\mu}{\partial x^\alpha} \qquad (11)$$

$$\Delta g^{\mu\nu}_\sigma = \frac{\partial(\Delta g^{\mu\nu})}{\partial x^\sigma} - g^{\mu\nu}_\alpha\frac{\partial \Delta x^\alpha}{\partial x^\sigma} \qquad (12)^{†7}$$

$\mathfrak{G}^*$ はただ $g^{\mu\nu}$ および $g^{\mu\nu}_\sigma$ のみに依存するから，(13)および
(14)の助けをかりて $\Delta\mathfrak{G}^*$ を計算することができる．す
なわち

$$\sqrt{-g}\cdot\Delta\left(\frac{\mathfrak{G}^*}{\sqrt{-g}}\right) = S^\nu_\sigma\frac{\partial \Delta x^\sigma}{\partial x^\nu} + 2\frac{\partial \mathfrak{G}^*}{\partial g^{\mu\sigma}_\alpha}g^{\mu\nu}\cdot\frac{\partial^2 \Delta x^\sigma}{\partial x^\nu \partial x^\alpha}$$
$$(13)$$

ここに S は次のような量である．

$$S_\sigma^\nu = 2\frac{\partial \mathfrak{G}^*}{\partial g^{\mu\sigma}} g^{\mu\nu} + 2\frac{\partial \mathfrak{G}^*}{\partial g_\alpha^{\mu\sigma}} g_\alpha^{\mu\nu} + \mathfrak{G}^* \cdot \delta_\sigma^\nu - \frac{\partial \mathfrak{G}^*}{\partial g_\nu^{\mu\alpha}} g_\sigma^{\mu\alpha}$$

$$(14)$$

　これらの式から，これからの議論にとって重要な二つの結論を引き出すことができる．まず任意の座標変換に対して $\mathfrak{G}/\sqrt{-g}$ は一つの不変量であるが，$\mathfrak{G}^*/\sqrt{-g}$ はそうではないことはわかる．しかし座標の1次変換に対しては $\mathfrak{G}^*/\sqrt{-g}$ も不変量となることはすぐにわかるであろう．このことから，もし $\partial^2 \Delta x^\sigma / \partial x^\nu \partial x^\alpha$ がすべて0になる場合には，(13)の右辺は常に0となるべきであるという結論が得られる[†8]．その結果 $\mathfrak{G}^*$ は

$$S_\sigma^\nu \equiv 0 \qquad (15)$$

という恒等式を満足すべきであるということになる．

　さらにまた，Δx_ν が積分域の内側でだけ0でなく，その境界面およびその近傍では0となるように選ぶならば，(2)の右辺第2項の F，すなわち境界面の上の積分を示す項はこのような変換に対して，その値を変えない．つまり

$$\Delta(F) = 0$$

したがって[*6]

$$\Delta\left\{\int \mathfrak{G}\,d\tau\right\} = \Delta\left\{\int \mathfrak{G}^*\,d\tau\right\}$$

ところで $\mathfrak{G}/\sqrt{-g}$ および $\sqrt{-g}\cdot d\tau$ が，ともに不変量であ

るから，上の式の左辺は 0 となる．その結果，右辺も 0 となる．そこで(14)，(15)および(16)を考えに入れると，

$$\int \frac{\partial \mathfrak{G}^*}{\partial g_\alpha^{\mu\nu}} g^{\mu\nu} \frac{\partial^2 \Delta x^\sigma}{\partial x^\nu \partial x^\alpha} d\tau = 0 \qquad (16)$$

という式が出てくる．

　そこで(16)に 2 回，部分積分を適用し，Δx^σ がまったく任意に選びうる量であることを考えると，次の恒等式が導かれる．

$$\frac{\partial^2}{\partial x^\nu \partial x^\alpha} \left(\frac{\partial \mathfrak{G}^*}{\partial g_\alpha^{\mu\tau}} g^{\mu\nu} \right) \equiv 0 \qquad (17)$$

　ここに求められた 2 個の恒等式(15)および(17)は，$\mathfrak{G}/\sqrt{-g}$ が不変量であるということ，すなわち一般相対性の要請から導き出されたものである．そこで次に，これらの恒等式から一つの結論を引き出そう．

　まず重力場の方程式(7)に $g^{\mu\sigma}$ を掛ける．添字 σ と ν を入れかえると，(7)は

$$\frac{\partial}{\partial x^\alpha} \left(\frac{\partial \mathfrak{G}^*}{\partial g_\alpha^{\mu\sigma}} g^{\mu\nu} \right) = -(\mathfrak{T}_\sigma^\nu + \mathfrak{t}_\sigma^\nu) \qquad (18)$$

のように書きかえられる．ここに

$$\mathfrak{T}_\sigma^\nu = -\frac{\partial \mathfrak{M}}{\partial g^{\mu\sigma}} g^{\mu\nu} \tag{19}$$

$$\mathfrak{t}_\sigma^\nu = -\left(\frac{\partial \mathfrak{G}^*}{\partial g_\alpha^{\mu\sigma}} g_\alpha^{\mu\nu} + \frac{\partial \mathfrak{G}^*}{\partial g^{\mu\sigma}} g^{\mu\nu} \right)$$

$$= \frac{1}{2} \left(\mathfrak{G}^* \delta_\sigma^\nu - \frac{\partial \mathfrak{G}^*}{\partial g_\nu^{\mu\alpha}} g_\sigma^{\mu\alpha} \right) \tag{20}$$

上の $\mathfrak{t}_\sigma^\nu$ に対する最後の形は (14) および (15) から出てくる. (18) を x^ν について微分し, ν について和をとり, (17) という恒等式を考慮すると

$$\frac{\partial}{\partial x^\nu} (\mathfrak{T}_\sigma^\nu + \mathfrak{t}_\sigma^\nu) = 0 \tag{21}$$

(21) は運動量およびエネルギーの保存則を示す. われわれは, $\mathfrak{T}_\sigma^\nu$ を物質のエネルギーの成分 (正確には張力・エネルギー運動量の成分というべきである), $\mathfrak{t}_\sigma^\nu$ を重力場のエネルギーの成分とよぶことにする.

また重力場の方程式 (7) に $g_\sigma^{\mu\nu}$ を掛け, μ, ν について和をとり, (20) を考慮すると

$$\frac{\partial \mathfrak{t}_\sigma^\nu}{\partial x^\nu} + \frac{1}{2} g_\sigma^{\mu\nu} \frac{\partial \mathfrak{M}}{\partial g^{\mu\nu}} = 0$$

あるいは (19), (21) を使って[†9]

$$\frac{\partial \mathfrak{T}_\sigma^\nu}{\partial x^\nu} + \frac{1}{2} g_\sigma^{\mu\nu} \mathfrak{T}_{\mu\nu} = 0 \tag{22}$$

ここで $\mathfrak{T}_{\mu\nu}$ とは $g_{\nu\sigma} \mathfrak{T}_\mu^\sigma$ のことである. この 4 個の方程式は, 物質のエネルギーの成分 $\mathfrak{T}_\rho^\nu$ が満足すべきものであ

る.

一般共変形[†10] をした保存則(21)および(22)が重力場の方程式(7)と，一般共変性(すなわち一般相対性)の要請だけから導かれたこと，またその際に物質現象に対する方程式(8)を一切使わなかったということは，とくに注意すべきことである.

原　注

*1 （原論文 p. 1111 の脚注 1）*Vier Abhandlungen von H. A. Lorentz in den Jahrgängen 1915 und 1916 d. Publikationerd. Koninkl. Akad. van Wetensch. te Amsterdam*；および D. Hilbert, *Gött. Nachr*, 1915, Heft 3.

*2 （原論文 p. 1111 の脚注 2）$g_{\mu\nu}$ のテンソル性については，さしあたりこの性質を必要としない.

*3 （原論文 p. 1112 の脚注 1）簡単のために数式の中に出てくる和の記号は省略する．一般に一つの項の中に 2 回でてくる添字については常に和をとるものと約束する．たとえば (4)では

$$\frac{\partial}{\partial x^{\alpha}}\left(\frac{\partial \mathfrak{H}^{*}}{\partial g_{\alpha}^{\mu\nu}}\right) \text{ は } \sum_{\alpha=1}^{4}\frac{\partial}{\partial x^{\alpha}}\left(\frac{\partial \mathfrak{H}^{*}}{\partial g_{\alpha}^{\mu\nu}}\right)\text{ を意味する.}$$

*4 （原論文 p. 1113 の脚注 1）一般相対性の要求が一意的に一つの特定の重力理論にわれわれを導く根拠はこの点にある.

*5 （原論文 p. 1113 の脚注 2）部分積分を実行することにより次のような結果が導かれる：

$$\mathfrak{G}^* = \sqrt{-g} \cdot g^{\mu\nu} \left[\begin{Bmatrix} \beta \\ \mu\alpha \end{Bmatrix} \cdot \begin{Bmatrix} \alpha \\ \nu\beta \end{Bmatrix} - \begin{Bmatrix} \alpha \\ \mu\nu \end{Bmatrix} \cdot \begin{Bmatrix} \beta \\ \alpha\beta \end{Bmatrix} \right]$$

*6　(原論文 p. 1115 の脚注 1) $\mathfrak{H}$ および $\mathfrak{H}^*$ のかわりに $\mathfrak{G}$ お
よび $\mathfrak{G}^*$ を考えればよい.

訳　注

†1　(解説者注)変分原理とは, 時間変化を含む運動全体を支
配する法則を定式化する手法で用いられる原理のことであ
る. 作用積分と呼ばれる運動についての積分量が, 運動経
路の微小変化について極値を取るようなものが実際の運動
経路となる. ニュートンの運動方程式やアインシュタイン
方程式など局所的な微分方程式によって与えられる運動方
程式は, 作用積分を与えることによって変分原理から導か
れる. また, 光速度の変化する媒質中を伝わる光の経路は,
出発点から到達点までにその光が最も短い時間で伝わるこ
とのできる経路となる, というフェルマーの原理も変分原
理の一種である. 力学系における変分原理の具体的な定式
化については解説を参照.

†2　(解説者注)一般相対性とは, アインシュタインが提唱し
た一般相対性理論を構成する上での本質的な原理. アイン
シュタインは, 一般に物理法則は観測者の運動状態によら
ずどのような座標から見ても同一の形をしていなければな
らない, という原理を元にして特殊および一般相対論を創
り上げた. お互いに等速な相対運動をする観測者どうしの
間で力学法則が同一でなければならないという原理から特
殊相対論が生み出された. これを一般化して, お互いに加
速運動をする観測者どうしの間でも力学法則が同一でなけ

ればならないという原理から一般相対論が生み出された.
その過程で加速運動による慣性力と重力が本質的に同一の
ものであるとする等価原理により,重力の本質が時空間の
歪みにあることを突き止めた.

†3 (解説者注)テンソルとは,同じ物理量を異なる座標系で
表したときに,座標系によってどのように値が変化するか
が指定された数学的な量である.わかりやすい例として,2
次元空間上のベクトルもテンソルの一種であり,同じベク
トルであっても座標軸を回転させるとそのベクトルを表す
見かけ上の成分は変化する.その変化の規則は行列式が1
の2次元回転行列によって表されるが,本来はそのベクト
ルは同じものである.同様に,時間と空間からなる4次元
空間において異なる座標系に移ると,さまざまな物理量の
見かけ上の値が変化する.このように,見かけ上は座標系
によって値が異なるが本来は同じものである物理量は,テ
ンソルを使うことによって数学的に見通しよく扱うことが
できる.

†4 $d\tau = dx^1 dx^2 dx^3 dx^4$

†5 (解説者注)重力場とは,重力が及ぼされる空間のこと.
場とは,一見何もないように見える空間にも,実際には物
理的な量が存在していて,それが目に見える物体に作用を
及ぼしているという考え方であり,その概念は現代物理学
の基礎を成している.例えば,磁石の周りには目には見え
ない磁場が存在し,その磁場がほかの磁石や鉄などに作用
して物体を引き寄せたり反発させたりする.同様に地上に
は重力場が存在し,それが物体に作用して重力となる.現
代物理学では,この世界のすべての粒子の存在も,場とい
う概念によって理解できることが知られている.

†6 (解説者注)曲率テンソルとは,時空間の物理的な歪みを

表すテンソルのこと．テンソルについては上記の解説者注を参照．歪んでいない平坦な時空間では，ベクトルをある微小な閉じた経路について平行移動して最初の位置に戻しても，そのベクトルの方向は変化しない．だが，歪んでいる時空間では，閉じた経路で平行移動により一周して戻ってきたときに，ベクトルの方向がわずかに回転してしまう．この回転により変化するベクトルの成分は，元のベクトル成分および経路の大きさや向きを表すテンソル成分との間に比例関係があり，その比例係数から決められる数学的なテンソル量を曲率テンソルという．一般相対論の基礎方程式であるアインシュタイン方程式において，時空間の歪みを表す部分は，この曲率テンソルにより表現されている．

†7　$\Delta g^{\mu\nu}$ は

$$\Delta g^{\mu\nu}(x) = g^{\mu\nu\prime}(x') - g^{\mu\nu}(x)$$

によって定義される．ここに世界点 (x') はもとの座標系から見たとき座標 x をもつ点であり，$g^{\mu\nu\prime}(x')$ はその点にある $g^{\mu\nu}$ を新しい座標系から見た場合の成分である．ところで反変テンソルの変換規則によれば

$$g^{\mu\nu\prime}(x') = \frac{\partial x^{\mu\prime}}{\partial x^{\alpha}} \cdot \frac{\partial x^{\nu\prime}}{\partial x^{\beta}} g^{\alpha\beta}(x)$$

この $x^{\mu\prime}$, $x^{\nu\prime}$ に(10)を代入し，Δx の 1 次までにとどめれば(11)となる．

また $\Delta g^{\mu\nu}_{\sigma}$ の定義は

$$\Delta g^{\mu\nu}_{\sigma} = \frac{\partial g^{\mu\nu\prime}(x')}{\partial x^{\sigma\prime}} - \frac{\partial g^{\mu\nu}(x)}{\partial x^{\sigma}}$$

である．この右辺第 1 項は

$$\frac{\partial x^\alpha}{\partial x^{\sigma\prime}} \cdot \frac{\partial}{\partial x^\alpha} (g^{\mu\nu}(x) + \Delta g^{\mu\nu}(x))$$

$$= \frac{\partial(x^{\alpha\prime} - \Delta x^\alpha)}{\partial x^{\sigma\prime}} \cdot \frac{\partial}{\partial x^\alpha} (g^{\mu\nu}(x) + \Delta g^{\mu\nu})$$

Δ の 1 次にとどめれば

$$= \left(\delta_\sigma^\alpha - \frac{\partial \Delta x^\alpha}{\partial x^\sigma}\right) \cdot \left(g_\alpha^{\mu\nu} + \frac{\partial \Delta g^{\mu\nu}}{\partial x^\alpha}\right)$$

$$= g_\sigma^{\mu\nu} + \frac{\partial \Delta g^{\mu\nu}}{\partial x^\sigma} - g_\alpha^{\mu\nu} \frac{\partial \Delta x^\alpha}{\partial x^\sigma}$$

$$\left(\delta_\sigma^\alpha = \begin{cases} 1 & \alpha = \sigma \text{ のとき} \\ 0 & \alpha \neq \sigma \text{ のとき} \end{cases}\right)$$

となる. したがって本文(12)が導かれる.

†8 この場合には, 上に述べたように, $\mathfrak{G}^*/\sqrt{-g}$ はスカラーとなり, したがって $\Delta(\mathfrak{G}^*/\sqrt{-g})$ は 0 となるからである.

†9 (解説者注)原論文および内山訳ではこの式の左辺第 2 項の符号がマイナスになっているが, ここは誤植と考えられるため解説者により訂正した(別の英訳版などでも同様の訂正が施されている).

†10 (21)は見かけ上では一般共変形をしていないが, これは(22)と結局は同等である. したがって実質的には共変形をしている. しかし t_σ^ν はテンソルではない.

第 II 章
宇宙定数の導入

論文解説

横山順一

　本章で取り上げるアインシュタインの論文「一般相対性理論の宇宙論的考察」が書かれた 1917 年当時，宇宙の大域的構造については，ごく限られた観測的知見しか得られていなかった．今日私たちは，太陽系が天の川銀河の端の方に位置しており，渦巻き銀河である天の川銀河の中心方向の星の集積部分が天の川として認識されることを知っている．そして，天の川銀河のまわりには多数の球状星団が存在し，さらに肉眼で見える最も遠い天体であるアンドロメダ銀河は，天の川銀河とは別の，より大きな銀河であること，すなわち銀河そのものが宇宙の普遍的な構成要素であることを知っている．しかし，当時は銀河外の世界があるとは考えられておらず，アンドロメダ銀河も星雲と混同されていた．

　一般相対論は，太陽系の惑星の運行の記述という点では，ニュートン力学では説明のつかなかった水星の近日点移動をみごとに説明するという大成果を挙げたが，太陽系の外の宇宙に関する認識が上述のようであったという時代背景の下で，宇宙全体をアインシュタイン方程式によって考察したのがこの論文である．

　本論文はニュートンの万有引力の法則を，ポアソン方程式という微分方程式によって書き換えた(1)式から始まる．高

校の理科に出てくる万有引力の法則は，地球と太陽の間には，質量の積に比例し，距離の二乗に反比例した引力が働く，というように遠隔作用としての記述のみが出てくる．よく知られているように，これは電磁気学において2つの電荷の間に働くクーロン力と同じ形をしている．しかし，クーロンの法則は，静止した2つの電荷の間に働く力を記述するにはこれで十分であるが，任意の運動をする電荷どうしがどのような力を及ぼしあうか，という問題には答えることができない．遠隔作用としての記述では，力の伝播に有限の時間がかかる(べき)ことが取り入れられてないからである．電磁気学ではこの問題は，ファラデーが電場という概念を導入したことによって解決された．すなわち，電荷があるとそのまわりの空間には電場というものが発生し，別の場所に置かれた別の電荷は，もとの電荷がそこに作る電場を介して力を受けると考えるのである．このように考えると，すべての相互作用は電場を介して局所的に起こると捉えることができ，因果律と矛盾しない近接作用としての記述ができるようになるのであった．そして，勾配(グラディエント)を取ることによって電場を与えるクーロンポテンシャルは，重力場のポテンシャルと同じ形の式を満たすことがわかった．すなわち，(1)式で $K = G$ (G はニュートンの重力定数)と置くと，私たちがふだん見慣れた重力ポテンシャルの満たすポアソン方程式になり，$4\pi K = 1/\epsilon_0$ とおき，ρ を電荷密度とみなすと，クーロンポテンシャルの満たすポアソン方程式になる．

　微分方程式である(1)式を解くためには，境界条件を与えなければならない．電気力の場合は，電荷には正負双方があり，全体として正味電荷ゼロの状態になっているのが自然であることから，遠方ではポテンシャルは定数(通常ゼロに取る)になっているはずである，と考えるので十分である．しかし，重力場の場合は，質量は正の値しかとらないので，無限遠方にどのような物質分布があるか，というのが重要な問題となる．すなわちこの場合，境界条件の設定は単純な問題ではないのである．このことは宇宙観の問題と関連してくる．

　古代人は電化社会を生きる私たちより夜空に輝く星ぼしを眺める機会が多かったに違いない．そして世界の構造に思いを馳せた．たとえば，海の民バイキングにとって，世界は円盤形で，真ん中の陸地を囲む海の向こうには滝のように海水が流れ落ちる円盤の端があった，と考えた．韓国の宇宙観も海の真ん中に陸地があるという点ではバイキングと同じだが，海の向こうには矩形の境界があり，海水が流れ出ることはないと考えていた(ソウルの宮殿跡に行くとこうした宇宙観を表象した池を見ることができる)．すなわち，異なる境界条件を課していたのである．

　アインシュタインはまずはじめに，ニュートンの重力理論におけるこうした境界条件の問題の考察を行っている．重力ポテンシャル ϕ の無限遠方での境界値としてある定数(値は任意なので通常ゼロにとる)にとるのが通常であるが，これ

は無限遠方で物質密度がゼロになることを意味する．このとき，天体から放出される光は無限遠方に到達できるし，また恒星系の全エネルギーが十分大きければ，天体の一部は無限遠方まで逃げていってしまうことが統計力学的な議論から帰結される（バイキングの皿宇宙における海水のように！）．これでは定常的な宇宙を実現することはできない．

そこでアインシュタインはポアソン方程式を(2)式のように修正し，実際の宇宙はごく小さな一様な密度と一様なポテンシャルをもつと考え，これによって本来のポアソン方程式のもとで天体の運動を統計力学的に考えた時に生じる問題が回避されることを提案したのである．

同じ発想を一般相対論にも適用しようとしたのが第2節の内容で，無限遠での境界条件の設定法をいろいろ考えてみてもうまく行かないので，結局アインシュタインは無限遠方を考えるということ自体をやめてしまう．すなわち，宇宙は空間的に閉じていると考えることにして，無限遠方の存在自体をなくしてしまうのである．なお，アインシュタインは時間方向を第4番目の座標にとっていることに注意しよう．

こうして第3節に至り，アインシュタインは閉じた宇宙を考え始める．宇宙の大局的な構造のみを考えるには，物質密度は至る所一定であると考えてよいだろう．これは今日でいう「宇宙原理」の嚆矢である．宇宙原理とは，宇宙空間の各点は本質的に平等であり，宇宙には端も中心もなく，宇宙空間は大域的に一様かつ等方的である，という考え方で

ある．これが満足のいく形で観測的に実証されるまでには，1992 年の宇宙背景輻射探査衛星 COBE の全天観測まで待たねばならなかった．

　物質のエネルギーとしては，目で見える恒星が宇宙の主要構成要素であると考えられていた時代の話だから，光速よりずっと小さな速度しかもたない恒星，すなわち非相対論的な物質のエネルギーだけを考えればよい．それでエネルギー運動量テンソルの成分は(6)式のように表すことができる．ρ は時間にも空間にもよらない定数である，というのがアインシュタインの議論の出発点である．なぜなら，彼にとって，また当時の多くの人にとって，宇宙は静的な存在でなければならなかったから．

　そして，質点が静止した状態を取れるために静的な重力場が満たす条件を，質点の運動方程式，すなわち測地線方程式を解くことによって考察する．なぜかこの式には番号が振られていない．その結果，一般相対論の導入部の演習問題に出てくる(7)と(8)という条件が得られる．ここまで来たらあとは空間部分の計量，すなわち $(g_{11}, g_{12}, g_{13}, g_{22}, g_{23}, g_{33})$ のセットを決められればよい．添字の順番を入れ替えても値は同じだからである．

　閉じた一様な空間をイメージするのは難しいから，空間の次元を一つ減らして 2 次元の閉じた一様な空間を考えよう．これは球面にほかならない．球面上の点の集合を数式で表すには，まず 3 次元の直交座標 (x, y, z) を用意して，球面

の半径を R とすると，球の中心を原点として，球面上の点は $x^2+y^2+z^2=R^2$ と表される．この球面上の線素はもとの3次元ユークリッド空間の線素 $ds^2=dx^2+dy^2+dz^2$ に，$x^2+y^2+z^2=R^2$ という制限を加えれば得られる．球面上では z 座標が $z^2=R^2-x^2-y^2$ と表されることから，$zdz=-xdx-ydy$ が成り立ち，これを $ds^2=dx^2+dy^2+dz^2$ に代入すると

$$ds^2 = dx^2 + dy^2 + \frac{(xdx+ydy)^2}{R^2-x^2-y^2}$$

と表すことができる．

ここで考えたい3次元の閉じた一様空間も，次元が一つ増えるだけなので，上の場合と同じように線素を計算することができ，結果を $dx^\mu dx^\nu$ について展開すると計量が(12)式のように表されることがすぐわかる．

以上で行ったことをまとめると，(イ)ニュートンの重力理論の場合と同様，一般相対論の場合も無限遠方でポテンシャルや計量が定数になるという境界条件を課そうとすると，定常な宇宙が実現できず，うまく行かない．(ロ)そこで，発想を転換し，無限遠方などそもそもないのだ，という立場を取ることにし，閉じた宇宙を考えることにする．(ハ)そのような宇宙の計量を求めるにあたり，宇宙が一様かつ静的であり，天体も静止した状態を取れることを要請した．その結果，答えが(12)式のように与えられた．このとき，重力場中の運動方程式である測地線方程式は用いたが，アインシュ

タイン方程式は用いていないことに注意しよう.

　続く第4節ではここで求めた宇宙の計量が, 一般相対論のもともとのアインシュタイン方程式を満たさないことを示している. すなわち, この方程式は空間的に閉じた宇宙を許容しないのである. そこで, アインシュタインは重力場の方程式を(13a)式のように変更することを提唱している. ここで導入された新しいパラメータ λ が宇宙項, あるいは宇宙定数と呼ばれる量である(今日では大文字で書かれるが).

　アインシュタイン方程式のもたらすさまざまな予言に目を向け, その正しさをいちいち確認してきた私たちにしてみれば, こうしてアインシュタインがアッケラカンとせっかくのアインシュタイン方程式に修正を加えた, というのは意外な気がするし, ましてや宇宙項の導入は後にアインシュタイン自身が「生涯最大の過ち」と述懐したとされることであるし, もう少し深刻に, いわゆる清水の舞台から飛び降りるような覚悟で行ったことだったのではないかと思いたくなる. しかし考えてみれば, 彼がアインシュタイン方程式自体に到達した際にもさまざまな試行錯誤があり, その予言を一つ一つ現実と確認しながら進めてきたに相違ない. そのような方法論からすれば, 宇宙は静的である, との要請を置き, それが実現するよう方程式に修正を加える, という態度は決して突飛なものではなく, アインシュタインの方法論からすればまったく自然なものだったのではあるまいか. つまり, アインシュタインは一般相対論の創始者であるだけでなく, 今日

活発に研究が進められている修正重力理論の創始者でもあったのだ.

　さて, 最終節である第5節に進もう. いま考えたい計量テンソルの解は(12)式によって与えられており, しかも宇宙空間は一様だとしているから, 原点での振る舞いを考えれば, それが宇宙の任意の点での振る舞いと同等であることがわかる. (12)式によれば, 原点での計量テンソルは直交座標でのミンコフスキー計量と同じ形をしていることがわかる. そこでいま修正したアインシュタイン方程式(13a)を計算すると, 宇宙の大きさと物質密度が宇宙項によって(14)式のように決まることがわかる. こうして宇宙の大きさと密度という最も基本的な量が, λ という新しく導入したパラメータによってすべて決まってしまうというのである.

　結びに, アインシュタインは宇宙項の導入は正曲率をもった閉じた静的宇宙を実現するために必要だったことであり, 正曲率の状態自体は物質の集積によっても可能である, ということを述べている. 今日的に見ると, これは以下に述べるようにまことに惜しい記述であった.

　よく知られているように, 今日の宇宙論は空間の一様等方性をアインシュタインと同じように仮定するが, 時間方向の一様性すなわち宇宙が静的であることは仮定しない. すると, 時空の計量は以下のようなルメートル–フリードマン–ロバートソン–ウォーカー計量をとる. $a(t)$ はスケールファクターと呼ばれる時間の関数で, k は定数で, 空間曲率の符号

を表す. これが正の値を取る時, 球面のように閉じた空間が表され, とくに $k=1$ ととると, $a(t)$ は閉じた宇宙の半径そのものを表す.

$$ds^2 = -(cdt)^2 + a^2(t)\Bigg[dx^2 + dy^2 + dz^2$$
$$- \frac{(xdx+ydy+zdz)^2}{k^{-1}-(x^2+y^2+z^2)}\Bigg]$$

　この計量のもとで宇宙項を入れていないアインシュタイン方程式(13)を書き下すと,

$$\left(\frac{\dot{a}}{a}\right)^2 + \frac{kc^2}{a^2} = \frac{8\pi G}{3}\rho,$$
$$\frac{\ddot{a}}{a} + \frac{1}{2}\left[\left(\frac{\dot{a}}{a}\right)^2 + \frac{kc^2}{a^2}\right] = -\frac{4\pi G}{c^2}p$$

という二つの式に帰着する. ρ は密度, p は圧力であり, 文字の上に点がついている量は時間微分を表す. ここで, アインシュタインの重力定数はニュートンの重力定数によって $\kappa = 8\pi G/c^4$ と表されることを用いた.

　この二式から, $\dot{a}=\ddot{a}=0$ となる静的な宇宙は

$$\frac{kc^2}{a^2} = \frac{8\pi G\rho}{3} = -\frac{8\pi Gp}{c^2}$$

が成り立つ場合に限って実現できることがわかる. 密度は正だから, 曲率も正でなければならない. しかし, 負の圧力をもった物質は存在しない(と当時は考えた)ので, その代わりにアインシュタインは宇宙項というものを導入し, アインシ

ュタイン方程式自体を変更したのである.

　(13a)式の宇宙項を右辺に移項するとわかるように，この操作は，重力場の方程式を変更する代わりに，エネルギー運動量テンソルに新たな項を導入することと等価である．すなわち，宇宙項は密度と圧力がそれぞれ，

$$\rho_\Lambda = \frac{\Lambda}{8\pi G c^2}, \qquad p = -\frac{\Lambda}{8\pi G}$$

で与えられるような物質と同等である．通常の物質の密度を改めて ρ_m と書くことにすると，物質の圧力はゼロと見なしてよいから，全密度と全圧力はそれぞれ $\rho = \rho_m + \rho_\Lambda$, $p = p_\Lambda$ と書ける．これらを静的宇宙が実現する条件に代入すると，

$$p_\Lambda = -\frac{c^4}{8\pi G}\frac{k}{a^2}, \qquad \rho_m = \frac{c^2}{4\pi G}\frac{k}{a^2}$$

という条件が得られる．上述のように，$k=1$ とすれば $a=R$ となるので，これがアインシュタインの得た条件と同じであることはすぐ確かめられる．

　しかし，このようなスケールファクターの時間変化を許すような条件の下で解析すると，この静的宇宙は大きな問題を孕んでいることが見て取れる．もし，上で求めた物質密度よりごくわずかでも密度が上がると，スケールファクターは負の加速度を得て宇宙は収縮を始める．体積が小さくなれば密度は上昇するから，密度のズレはさらに増幅され，宇宙はいっそう収縮することになる．逆に物質密度が平衡値よりも少

し小さくなると，宇宙項の負の圧力の効果が勝ち，宇宙は加速膨張を始めてしまう．そして物質密度はさらに下がってしまうので，この膨張を止めることはもはやできなくなってしまう．こうしてアインシュタインの静的宇宙は，方程式の解ではあっても現実の宇宙では実現できないような不安定なものだったのである．実際，後に宇宙膨張が発見され，これがアインシュタインをして宇宙項の導入が「生涯最大の過ち」であったと言わしめた所以であるが，しかし今日ではこの宇宙は実際に加速膨張をしていることが判明し，その起源を与える可能性として宇宙項は再び脚光を浴びているのである．

一般相対性理論についての
宇宙論的考察

アルベルト・アインシュタイン(内山龍雄訳)

ポアッソンの方程式[†1]

$$\triangle \phi = 4\pi K \rho \qquad (1)$$

と質点の運動方程式とを一緒にしてもなお，これらがニュートンの遠隔作用論とは同等でないことはよく知られている．すなわち空間的に無限の遠方でポテンシャル ϕ がある一つの決まった極限値に近づくという境界条件[†2] を付け加えなければならない．一般相対性理論による重力理論でも，このことは同様である．すなわちこの世界が空間的に無限の遠方にまで広がっていると考えるならば，重力場の微分方程式に対し，さらに空間的な無限遠点における境界条件を付け加えなければならない[†3]．

惑星軌道の問題を扱った際に，私はこの境界条件を次のような仮定の形で与えた．すなわち重力ポテンシャル[†4] $g_{\mu\nu}$ のすべての成分が空間的な無限遠点で一定値になるように基

準系（基準にとる座標系）を選ぶことが可能であるという仮定である．しかしもし太陽系よりも，もっと大きな宇宙の部分を考えに入れるとき，なお同じ境界条件を設けることができるかどうかは先験的には明らかでない．そこでこれから，この原理的に重要な問題について私の考えてきたことを述べよう．

§1　ニュートンの理論

空間的に無限の遠方で ϕ が定数値に近づくというニュートンの境界条件は，無限遠点で物質の密度が 0 になることを意味することはよく知られている．すなわち，この宇宙空間の中には，ある 1 点があって，そのまわりでは物質の作る重力場が，大きく考えたとき，その点に対して球対称となっているような点が存在するものとしよう．そうすると，ϕ が無限遠点で定数値となるためには，ポアッソンの方程式によれば，平均密度 ρ は，中心点からの距離 r が増大するとともに，$1/r^2$ より速く 0 にならねばならないことになる[*1]．したがって，ニュートンによればこの宇宙は，それがたとえ無限に大きな全質量をもっているとしても，上に述べたような意味で有限である．

このことから次のような結果がまず得られる．すなわち天体から放出された電磁波は宇宙の外方に向かって走る途中で，その一部分は上に説明されたニュートンの宇宙から外に

逃げ出し，それは，なんの作用も引き起こさないで無限遠に
消失するということである．

　このようなことはすべての天体(すなわち光だけでなく天
空内にある物質)に対しても同様に起こり得ないものであろ
うか？　この質問を否定することはほとんど不可能である．
なぜならば，無限遠点において ϕ が有限の極限値をもつと
いう仮定から，有限の運動エネルギーを与えられた天体は，
ニュートン的な引力にうちかって空間的無限遠点に到達する
ことが可能となる．恒星系の全エネルギーが，——このエネ
ルギーを1個の星に全部与えたときに——この星を再び帰
ることのできない無限遠方にまで飛び去らせるのに充分なほ
ど大きなものである限りは，統計力学によれば，さきに述べ
たような事情(すなわち星が無限遠方に飛び去ること)は常に
くり返し起こる．

　このようなニュートン理論の固有の難点は，無限遠点にお
いてポテンシャルが無限に大きな極限値をもつと仮定すれば
避けられるかもしれない．もし重力ポテンシャルのふるまい
が天体自身の分布状態に制約されないならば，このような考
え方を押し進めることもできよう．しかし現実には，上のよ
うな仮定に従えば重力場のポテンシャル差があまりにも大き
くなって事実と矛盾する．すなわちこのポテンシャル差は，
それによって引き起こされる星の速度が，実際に観測された
星の速度以上に大きくならない程度のものでなければならな
い．

　いま恒星系を一つの定常的な熱運動をしている気体と考えて(つまり気体分子には1個の星が対応する)，これに気体分子に対するボルツマンの分布則を適用すると，ニュートンの考えるような恒星系は一般には存在できないことが結論される．なぜならば，恒星系の中心および空間的に無限遠にある点の間のポテンシャル差が有限の大きさをもつということは，それぞれの点における物質密度の比が有限であることを意味する．したがって無限遠点における密度が0となるならば，恒星系の中心における密度も0とならなければならない．

　このような理論的困難はニュートンの理論を基礎にしてはほとんど解決できない．そこでニュートン理論を修正することによって，この難点をとり除くことができないだろうかという疑問が起こりうる．これについてまず一つの方法を紹介しよう．この方法はまじめにここでとり上げる必要はないが，後に述べることをより自然に導き入れるのには役立つ．この方法とは，すなわちポアッソンの方程式のかわりに

$$\triangle\phi - \lambda\phi = 4\pi K\rho \qquad (2)$$

とおくことである．ここで λ は一つの普遍定数である．いま質量が一様に分布しているときの質量密度を ρ_0 とすれば，

$$\phi = -\frac{4\pi K}{\lambda}\rho_0 \qquad (3)$$

は(2)の一つの解となる（$\rho_0 =$ 定数だから）．この解は恒星が宇宙空間の中に一様に分布している場合に相当する．その場合，密度 ρ_0 は宇宙空間中の物質の実際の平均密度に等しいとしてよい．この解は，平均的に一様に物質で満たされた無限に広がった空間に対応する．これに対して，平均質量密度は上のように一定のままであるが，ただ局所的に物質の分布が一様でないとすると，(3)によって与えられる定数の ϕ にさらに別の ϕ が付け加わる．この付加項は密度の大きな物質の近くでは，$4\pi K\rho$ に比べて $\lambda\phi$ が小さければ小さいほど，ニュートンの重力場のポテンシャルにより似たものとなる．

　このような宇宙は，重力場に関してはなんら中心点をもたない．また，物質の密度が空間的な無限遠に行くとともに減少するということを仮定することもできない．むしろ密度も重力ポテンシャルもともに無限遠点に至るまで大体一定の大きさをもつ．したがってニュートンの理論に存在した統計力学との間の矛盾は，この修正された理論においてはもはや存在しない．すなわち，この理論では物質はある決まった（ひじょうに小さい）密度をもって平衡状態にある．その際，物質の内力（圧力）はこの平衡状態をつくりだすのに必要でない．

§2　一般相対性理論による境界条件

　これから私は，自分の歩んできた，いくぶん遠まわりで困難な道に読者を案内しよう．というのは，最終的に得られる結果に読者が興味を示されることを望むからである．すなわち前節でニュートンの理論に対して説明した原理的困難を，一般相対性理論を基礎にして避けるためには，これまで私が主張してきた重力場の方程式をなお少し修正する必要があると考えるからである．この修正はポアッソンの方程式(1)のかわりに前節の方程式(2)を採用することにちょうど対応する．その結果，空間的な無限遠点における境界条件は一般に不要となる．なぜならば，この宇宙は空間的な広がりについては一つの閉じた有限な空間的(3次元的)体積をもった連続体と見なすことができるからである．

　空間的無限遠点に対する境界条件について最近まで私がもっていた意見は次のような考えに基づいている[5]．すなわち，相対性理論に徹底するならば，物体同士の間の相対的な慣性は存在するが，(物体が1個も存在しない空の)空間に対する物体の慣性というものは存在しえないという考えである．したがって，もし一つの物体を宇宙内にある他のすべての物体から空間的に充分に遠ざけてしまえば，この1個の物体の慣性は0にならなければならない．そこでこのような条件を数学的に書き表わすことを試みよう．

　一般相対性理論によれば，（負の）運動量は次のような，共変テンソルに $\sqrt{-g}$ を掛けた量（これは共変ベクトル密度である）のはじめの 3 個の成分で，またエネルギーは，最後の成分で与えられる：

$$m\sqrt{-g}\cdot g_{\mu\alpha}\frac{dx^{\alpha}}{ds} \tag{4}$$

　ここで，いつものように

$$ds^2 = g_{\mu\nu}dx^{\mu}dx^{\nu}$$

という関係がある．重力場が至る所で空間的に等方的となるように座標系を選ぶことができる簡単な場合には

$$ds^2 = -A\{(dx^1)^2+(dx^2)^2+(dx^3)^2\}+B(dx^4)^2$$

となる．さらに

$$\sqrt{-g}=1=\sqrt{A^3\cdot B}$$

とすれば，質点の速度が小さいときは，第 1 近似では(4)から，質点の運動量成分は

$$m\frac{A}{\sqrt{B}}\frac{dx^1}{dx^4},\quad m\frac{A}{\sqrt{B}}\frac{dx^2}{dx^4},\quad m\frac{A}{\sqrt{B}}\frac{dx^3}{dx^4}$$

となる．またエネルギーは（静止しているとき）

$$m\sqrt{B}$$

となる．

上に与えた運動量の式から，$mA/\sqrt{B}$ は慣性質量の役を
していることがわかる．ところで m は質点の位置に無関係
な，質点に固有の定数であるから，$\sqrt{-g}=1$ という条件の
もとでは，空間的無限遠に行くとともに，A は 0 に，B は
無限大になるときにのみ上記の慣性質量は無限遠点で 0 と
なる．係数 $g_{\mu\nu}$ が無限遠点に行くとともにこのように変化
することは，すべての慣性の相対性の仮定から要求される
べきことであると思われる．この要求からさらに，質点の
ポテンシャル・エネルギー $m\sqrt{B}$ は無限遠点では無限大にな
る．その結果，質点は物質系から外に決して逃げ出せないこ
とになる．さらに詳しい検討によれば，同様のことが光線に
ついても成り立つことがわかる．重力ポテンシャルの無限遠
点におけるふるまいが上に述べたようなものであるなら，こ
の宇宙系には，ニュートン理論に対して前節で述べたような
宇宙崩壊の危険は存在しない．

　上述の考察の基礎におかれた重力ポテンシャルに対する
簡単化の仮定は，ただ議論をわかりやすくするために導入さ
れたにすぎないことを注意しておく．無限遠点における $g_{\mu\nu}$
のふるまいに対して，このうえさらに制限を加えるような仮
定を導入しなくとも，事柄の本質を表わす一般的な数式を見
つけることは可能である．

　そこで数学者のグロンマー（J. Grommer）の助けをかり
て，球対称，静的な重力場で，しかも無限遠点では上に述べ
たようなふるまいをする重力場を研究した．すなわち，まず

重力ポテンシャル $g_{\mu\nu}$ をあらかじめ適当に与え，これを重力場の方程式に代入して，これから逆に物質のエネルギー・テンソル $T_{\mu\nu}$ を計算した．その結果，さきに述べたような境界条件は恒星系に対しては起こりえないことが示された．この結論は最近，天文学者のド・ジッター（De Sitter）によっても，同様に示された．

　　質量をもった物質の反変エネルギー・テンソル $T^{\mu\nu}$ は

$$T^{\mu\nu} = \rho \cdot \frac{dx^{\mu}}{ds} \cdot \frac{dx^{\nu}}{ds} \tag{5}$$

で与えられる．ここに ρ は，"自然な方法" で測られた物質の密度を示す[†6]．適当に選ばれた座標系から見れば，光速度に比べて星の速度はひじょうに小さい．そこで ds を $\sqrt{g_{44}} \cdot dx^4$ でおきかえてよかろう．また $T^{\mu\nu}$ のすべての成分は最後の T^{44} に比べればひじょうに小さいこともわかるであろう．しかしこれらの条件は上に述べた境界条件と両立しない．このような結果が別に驚くべきことでないことは後でわかるであろう．星の速度が小さいという事実から，一般に恒星の存在する場所における重力ポテンシャル（前ページの場合には $\sqrt{B}$）は，われわれの近傍（すなわち座標原点近く）のポテンシャルより著しく大きいということはありえないことになる．この結論はニュートン理論のときと同様に統計力学的な考察から導かれる．いずれにせよ，われわれの計算によれば，空間的な無限遠点における $g_{\mu\nu}$ に対する上述のような境界条件（すなわち $A \to 0$，$B \to \infty$）は要請してはならな

いという確信に到達する．

　以上のような試みの失敗の後には，次の二つの可能性がまず考えられる．

　a) 惑星の運動の場合と同様に，もし座標系を適当に選べば，空間的な無限遠で $g_{\mu\nu}$ は

$$
\begin{array}{cccc}
-1 & 0 & 0 & 0 \\
0 & -1 & 0 & 0 \\
0 & 0 & -1 & 0 \\
0 & 0 & 0 & 1
\end{array}
$$

という値に近づくものと要求する．

　b) 空間的無限遠点における境界条件として前述の $A \to 0$, $B \to \infty$ のように常に成り立つべきものというような境界条件は設けない．そのかわりに，問題にしている領域の空間的境界において $g_{\mu\nu}$ には個々の場合ごとに特別の値が条件として与えられなければならない．このことは，従来，時間的初期条件を問題ごとに特別に与えてきたのと同じ考え方である．

　この b) の考え方は問題の解答になっていない．むしろ解答を求めることを放棄することである．この考え方は論破することのできない一つの立場であって，現にド・ジッターはこの立場を採用している[*2]．しかし，このような原理的問題において，b) のように徹底的に問題の解答を放棄してしまうことは私にはできない．満足すべき見解を得ようとする努

力がすべて無駄であると証明されたときに，はじめて上のような立場に立つことを私は決心するであろう．

　一方，可能性 a) は種々の関係において不満足なものである．まず第一に，このような境界条件は，規準系について，その特別な選択法を決めることになる．このようなことは相対性原理の精神に反するものである．第二にこの見解に従えば，惰性(慣性)の相対性の要求を放棄することになる．“自然な方法” で測られた質量の質点の慣性は $g_{\mu\nu}$ に依存する．しかしこの $g_{\mu\nu}$ の値は，空間的無限遠点に対して上に要求された値と比べてほんのわずかに異なるだけである．したがって，質点の慣性は(この質点から有限の距離にある)物質によって影響をこうむるとはいうものの，それによって規定されることはない．もしも，ただ 1 個の質点が存在したとすれば，上のような解釈に従えば，それは慣性をもつことになる．しかもその大きさは，われわれの住むこの現実の世界の物質によってとり囲まれている場合の大きさと大体同じ値になる[†7]．最後にニュートン理論に対して上に述べられたような統計力学的な疑念がこの解釈に対しても存在する．

　以上に述べたことから明らかなように，空間的無限遠点に対する境界条件を設定することは私にはまだできなかった．それにもかかわらず，b) において述べたようなこの問題を放棄するという立場に立たなくとも，なお一つの可能性が残っている．すなわち，もしこの宇宙を空間的に閉じた一つの連続体と見なすことができるならば，無限遠点に対する境界

条件は一般に不要となるであろう．次節で，一般相対性の要請ならびに星の速度が小さいという事実は，全宇宙が空間的に閉じているという仮説と互いに融合できるものであることを示そう．もちろんこの考えをおし進めるのには，重力場の方程式をさらに一般的なものに修正する必要がある．

§3　一様に物質が分布している閉じた宇宙

4次元時空という連続体の計量的特性(曲率)は，一般相対性理論に従えば，時空内の各点においてそこに存在する物質とその状態によって決定される．したがって連続体の計量的構造は物質の分布の不均一さのために，必然的にきわめて複雑なものとならざるをえない．しかし，もし大局的に見た構造のみを問題にするならば，物質はこの巨大な空間の中に一様に分布していると考えてよかろう．したがって，その分布密度はひじょうにゆっくりと変化する一つの関数で示されているとしてよかろう．

細かく見れば，ひじょうに複雑な形をしているこの地球の表面を，測量技師は一つの回転楕円体によって近似的に表わしたように，われわれはこの宇宙を上述のように近似的に扱うことにする．

われわれが物質の分布について経験的に知っていることの中で最も大切なことは，恒星同士の相対速度が光速度に比べて，たいへんに小さいということである．そこでさしあた

り，次のような近似的仮定をわれわれの考察の基礎としてよかろう．すなわち，ある特別な座標系を基準にしたとき，これに対して物質はいつまでも静止していると見なせるような一つの特別な座標系が存在するという仮定である．したがって，このような座標系を基準にとれば，物質の反変エネルギー・テンソル[†8]$T^{\mu\nu}$ は(5)によって次のような簡単な形になる：

$$\left.\begin{array}{cccc} 0 & 0 & 0 & 0 \\ 0 & 0 & 0 & 0 \\ 0 & 0 & 0 & 0 \\ 0 & 0 & 0 & \rho \end{array}\right\} \tag{6}$$

ここで，(平均の)分布密度を示すスカラー ρ はもともとは空間的座標変数の一つの関数であってよい．しかし，もしこの宇宙を空間的に閉じたものと仮定するならば，ρ は場所に無関係な量であると考えることが最も手近かな仮定である．そこでこれからの議論の根拠としてこの仮定を用いよう．

　重力場に関しては，質点の運動方程式[†9,10]

$$\frac{d^2 x^\nu}{ds^2} + \left\{\begin{array}{c} \nu \\ \alpha\beta \end{array}\right\} \frac{dx^\alpha}{ds} \cdot \frac{dx^\beta}{ds} = 0$$

から，静的重力場の中にある質点は g_{44} が場所に無関係のときにのみ静止の状態を続けうることがわかる．さらに $g_{\mu\nu}$ のすべての成分が x^4 に無関係であると仮定するゆえ，求め

る解に対しては，すべての x^ν に対して，つねに

$$g_{44} = 1 \tag{7}$$

が成り立つものと要求できる．さらに静的問題に対しては，よくやるように，

$$g_{14} = g_{24} = g_{34} = 0 \tag{8}$$

とおくことができる．ここでさらに重力ポテンシャルの成分のなかで，われわれの連続体(すなわち時空)の純粋に空間的な，幾何学的性質を規定するもの，すなわち $(g_{11}, g_{12}, \cdots, g_{33})$ を決定することを考えよう．重力場の源となる物質が一様に分布しているという仮定から，われわれが求める計量空間の曲率もまた場所によらず，一定であるべきことがわかる．したがって，このような物質分布に対しては，x^4 を一定(すなわち，ある瞬間)としたとき，x^1, x^2, x^3 で示される閉じた連続体は一つの球状空間でなければならない．

このような空間をわれわれは次のように表わすことができる．まず座標 ξ^1, ξ^2, ξ^3, ξ^4 をもって表わされる 4 次元ユークリッド空間から出発する．この空間の線素(Linienelement) $d\sigma$ は

$$d\sigma^2 = (d\xi^1)^2 + (d\xi^2)^2 + (d\xi^3)^2 + (d\xi^4)^2 \tag{9}$$

で与えられる．この空間の中に一つの超曲面を考えよう．それは

$$R^2 = (\xi^1)^2 + (\xi^2)^2 + (\xi^3)^2 + (\xi^4)^2 \tag{10}$$

で表わされるものとする. ここに R は一つの定数である.
この超曲面上の点は 3 次元連続体をなす. それは曲率半径
R の球状空間である.

　われわれが出発点とした 4 次元ユークリッド空間は, た
だこの超曲面の定義を容易にするのに役立つものである. わ
れわれにとって興味のあるのは上述の 3 次元的超曲面の計
量的特性が一様な物質分布をしている物理学的空間の特性
と一致している場合の, この超曲面上の点である. このよ
うな 3 次元連続体を記述するのには, ξ^1, ξ^2, ξ^3 (すなわち
$\xi^4 = 0$ という超平面上に (10) の球面上の点を射影する) を利
用することができる. なぜならば, (10) によって ξ^4 を ξ^1,
ξ^2, ξ^3 で書き表わすことができるからである. そこで (9) か
ら ξ^4 を消去すると, 球状空間の線素に対して

$$\left.\begin{aligned}
d\rho^2 &= \gamma_{\mu\nu} d\xi^\mu \cdot d\xi^\nu \\
\gamma_{\mu\nu} &= \delta_{\mu\nu} + \frac{\xi^\mu \xi^\nu}{R^2 - \rho^2}
\end{aligned}\right\} \tag{11}$$

という式が求められる. ここで

$$\delta_{\mu\nu} = \begin{cases} 1 & (\mu = \nu \text{のとき}) \\ 0 & (\mu \neq \nu \text{のとき}) \end{cases} \qquad \mu, \nu = 1, 2, 3$$

$$\rho^2 = (\xi^1)^2 + (\xi^2)^2 + (\xi^3)^2$$

ここに選ばれた座標は, 2 個の点 $\xi^4 = (+R$ または $-R)$,

$\xi^1 = \xi^2 = \xi^3 = 0$ のうちの 1 個のごく近くの様子を調べるのに便利な座標系である.

さて,われわれが求めている 4 次元世界,すなわち時空の線素も上の結果から与えられる.ポテンシャル $g_{\mu\nu}$ に対して,添字 μ, ν がともに 4 に等しくないときは

$$g_{\mu\nu} = -\left(\delta_{\mu\nu} + \frac{x^\mu x^\nu}{R^2 - (x^1)^2 - (x^2)^2 - (x^3)^2}\right) \quad (12)$$

としなければならないことは容易にわかる.この式および (7),(8)は,いまわれわれが考えている 4 次元世界における物指,時計や光線のふるまいを完全に規定するものである.

§4　重力場の方程式に追加されるべき付加項

私が提唱した重力場の方程式は,任意の座標系を規準にしたとき,次のようになる[11]:

$$\left.\begin{aligned}
G_{\mu\nu} &= -\kappa\left(T_{\mu\nu} - \frac{1}{2}g_{\mu\nu}T\right) \\
G_{\mu\nu} &= -\frac{\partial}{\partial x^\alpha}\left\{\begin{matrix}\alpha\\\mu\nu\end{matrix}\right\} + \left\{\begin{matrix}\beta\\\mu\alpha\end{matrix}\right\}\left\{\begin{matrix}\alpha\\\nu\beta\end{matrix}\right\} \\
&+ \frac{\partial^2 \log\sqrt{-g}}{\partial x^\mu \partial x^\nu} - \left\{\begin{matrix}\alpha\\\mu\nu\end{matrix}\right\}\frac{\partial \log\sqrt{-g}}{\partial x^\alpha}
\end{aligned}\right\} \quad (13)$$

もし $g_{\mu\nu}$ に対して,(7),(8)および(12)で与えられた値

を代入し，物質の(反変)エネルギー・テンソルには(6)で与
えられた値を代入するとき，上の(13)の方程式は満足され
ない．このような計算がどうすれば簡単に遂行できるかは次
の節で示されるであろう．ともかく，このことから次のこと
が結論として出てくる．すなわち，今まで私が用いてきた場
の方程式(13)が一般相対性の要請と融合できる唯一のもの
であることが確かだとすれば，一般相対性理論は，空間的に
閉じた宇宙という仮説と相容れないものである．

　しかし一般相対性の要請を満足させながら，なお方程式
(13)を一般化する手近な方法がある．これは(2)によって与
えられたポアッソン方程式の拡張にまさに対応するもので
ある．すなわち，われわれは(13)の左辺に一つの普遍定
数 $(-\lambda)$ (これはしばらく未知数としておく)のかかった項
$-\lambda g_{\mu\nu}$ をつけ加えることができる．これによって方程式の
一般共変性が破られるということはない．そこで(13)のか
わりに，次のような式を考えよう．

$$G_{\mu\nu} - \lambda g_{\mu\nu} = -\kappa \left(T_{\mu\nu} - \frac{1}{2} g_{\mu\nu} T \right) \tag{13a}$$

　λ を充分に小さくとれば，この方程式は，(13)と同様に，
太陽系についてわれわれが知っている経験事実と合致する．
さらにこの式は，運動量・エネルギーの保存則を満足する．
なぜならば，この保存則はハミルトン原理によってそれの成
り立つことが保証される．もしこのハミルトン原理の被積分
項にリーマン・テンソルからつくられたスカラーをあてはめ

るかわりに，このスカラーに上述の普遍定数 $(-\lambda)$ を加えたものを代入するならば，この原理から導かれる場の方程式は (13) ではなくて (13a) となる（したがって (13a) に対しても保存則は成り立つ）．(13a) が重力場および物質についてのわれわれの仮定と両立しうることは次の節で示される．

§5　場の方程式の計算およびその結果

われわれの連続体，すなわち時空内の点はすべて同等であるから，都合のよい特別な 1 点で計算を行なってかまわない．すなわち

$$x^1 = x^2 = x^3 = x^4 = 0$$

という座標をもった 2 個の点のうちの 1 点の近くで計算をしよう．この場合には (13a) に出てくる $g_{\mu\nu}$ 自身に対しては

$$
\begin{array}{cccc}
-1 & 0 & 0 & 0 \\
0 & -1 & 0 & 0 \\
0 & 0 & -1 & 0 \\
0 & 0 & 0 & 1
\end{array}
$$

という値を代入すればよい．また，$g_{\mu\nu}$ の一階微分は 0 となる．したがって

$$G_{\mu\nu} = \frac{\partial}{\partial x^1}[\mu\nu, 1] \frac{\partial}{\partial x^2}[\mu\nu, 2] + \frac{\partial}{\partial x^3}[\mu\nu, 3] + \frac{\partial^2 \log \sqrt{-g}}{\partial x^\mu \partial x^\nu}$$

となる．この結果から(7)，(8)および(6)を考えるとき，もし次の二つの関係式が満足されるならば，(13a)が成り立つことが容易にわかる．すなわち

$$-\frac{2}{R^2} + \lambda = -\frac{\kappa\rho}{2}$$

$$-\lambda = -\frac{\kappa\rho}{2}$$

あるいは

$$\lambda = \frac{\kappa\rho}{2} = \frac{1}{R^2} \tag{14}$$

したがって，新しく導入された普遍定数 λ は物質の平均密度 ρ（これは平衡状態にあり，時間的に変化しないと考えることができる）だけでなく，球状空間の半径 R（その体積は $2\pi^2 R^3$ である）をも決定することになる．またこの宇宙の全質量 M は，われわれの考えに従えば有限で

$$M = \rho \cdot 2\pi^2 \cdot R^3 = 4\pi^2 \cdot \frac{R}{\kappa} = \pi^2 \sqrt{\frac{32}{\kappa^3 \rho}} \tag{15}$$

となる[†12]．

したがって，現実の世界が上のようなわれわれの考えに相当するならば，その理論的解釈は次のようなものである．すなわち空間の曲率は物質の分布に応じて時間的にも空間的にも変化しうるが，大局的に見れば，これは近似的に一つの球状空間と考えることができる．いずれにしても，このような考え方は論理的に矛盾をもたず，また一般相対性理論の立場

から見て，最も手近かなものである．今日の天文学的知識か
ら考えるとき，このような考えかたが根拠のあるものかどう
かはここでは検討しない．このような矛盾のない見解に到達
するためには，重力場の方程式に対して，重力に対する現実
の知識だけからは必ずしも必要とはいえない一つの新しい拡
張（すなわち方程式の補正）が必要であった[†13]．しかし，た
とえ上述のような付加項を導入しなくとも，空間の中にある
物質によって，結果的には空間は正の曲率をもつようになる
ことは，大いに強調しなければならない．上述の付加項は，
恒星の速さが小さいという事実に対応するように，物質を準
静的に分布させるのに必要であったにすぎない．

　原　注

*1　（原論文 p. 143 の脚注）ρ は次のような大きさの空間の中
　　にある物質の平均質量密度である．すなわち，この空間は
　　隣りあった恒星間の距離よりもずっと大きい広がりをもつ
　　が，全恒星系の容積に比べれば充分に小さい広がりの空間
　　である．
*2　（原論文 p. 147 の脚注）De Sitter: *Akad. van Wetensch.*
　　Te Amsterdam, 8, Nov.(1916)

　訳　注

†1　（解説者注）ここで K と書かれているのは，ニュートンの
　　重力定数 G のことである．
†2　（解説者注）方程式を解くことによって，考察の対象の振

る舞いを明らかにする際，考察対象の端での挙動をあらか
じめ指定しておかないと一般に方程式を解くことができな
い．そのように指定された条件のことを境界条件という．

†3　(解説者注)ニュートンの遠隔作用論では，天体同士に働
く万有引力のベクトル和を取ることによって重力を求める
が，どの天体まで足し上げるかを決めることが，近接作用
論における境界条件を決めることに対応する．

†4　(解説者注)ここでは計量テンソルのことを重力ポテンシ
ャルと呼んでいる．ニュートンの重力ポテンシャルに対応
する量は計量テンソルの 00 成分の一部をなしている．

†5　(解説者注)このあたり，マッハの原理，すなわち慣性系
は大域的な物質分布によって決定される，という考え方に
強く影響されているように見受けられる．

†6　(訳者注)いま密度を測定しようとする点を包む小部分を
考えよう．特別な座標系を用意して，その系から見たとき
この小部分では重力の影響が存在しないように系が選ばれ
たとする．さらに密度を測定する瞬間には，この系から見
た物質の小部分は静止しているとする．このような特別な
座標系を基準にして測定された密度を "自然な方法" で測
定されたものという．

†7　(訳者注)この結果は 64 ページに述べたことと矛盾する．
すなわち慣性の相対性を破ることになる．

†8　(解説者注)エネルギー，運動量，応力を表す二階テンソ
ルのこと．

†9　(訳者注)$\begin{Bmatrix} \nu \\ \alpha\beta \end{Bmatrix} = g^{\nu\mu}[\alpha\beta, \mu]$ である．ここで $[\alpha\beta, \mu] =$

$\dfrac{1}{2}\left\{ \dfrac{\partial g_{\mu\alpha}}{\partial x^{\beta}} + \dfrac{\partial g_{\mu\beta}}{\partial x^{\alpha}} - \dfrac{\partial g_{\alpha\beta}}{\partial x^{\mu}} \right\}$ である．

†10 （解説者注)この中括弧の中にギリシャ文字が三つ入った
　　量はクリストッフェル記号と呼ばれ，今日では $\Gamma^{\nu}_{\alpha\beta}$ と書か
　　れる．この量はテンソルではないので，かつてテンソルと
　　は異なる表記が取られていたのは，一つの見識である．

†11 （解説者注) $G_{\mu\nu}$ は今日ではもっぱら $R_{\mu\nu}$ と表記される
　　リッチ・テンソルである．

†12 （解説者注)最後の式の π^2 は原論文と内山訳では平方根
　　の中にあるが，平方根の外にあるのが正しい．訂正させて
　　いただいた．

†13 （解説者注)宇宙項を付加したことを指す．

第 III 章
膨張宇宙解の発見

論文解説

樽家篤史

1 概要

アレクサンドル・フリードマン（Alexander Friedmann: 1888-1925）は，ロシアの物理学者であり，本章記載の論文「空間の曲率について」の著者である．1922年に発表されたこの論文にて，フリードマンは，一般相対論に基づく場の方程式（アインシュタイン方程式）から膨張宇宙を記述する解をはじめて発見した．フリードマンの膨張宇宙解は，発表当初は注目されなかったが，彼の死後，宇宙膨張が観測的に発見されたことで，徐々にだが，高く評価されるようになった．現在では，彼が導出した宇宙膨張を記述する方程式（本論文の(5)式）は，フリードマン方程式と呼ばれ，宇宙の標準モデルの根幹をなす基礎方程式となっている．

2 生い立ち[*1,2,3]

フリードマンは，1888年にサンクトペテルブルクにて生まれた．父はバレエダンサー，母はピアニストであった．ただ，両親はフリードマンが9歳のときに離婚，その後，すぐに再婚した父親に引き取られ，幼少期を過ごしている．高校時代は，後に数学者として名を馳せるヤコブ・タマルキンを友人にもち，彼とともに数学に関する論文を書くなど，早

くから抜きんでた才能を発揮した．1906-1910 年の間，サンクトペテルブルク大学の数学・物理学科にて学び，大学院に進学後，1913-1914 年には，サンクトペテルブルク郊外にあるパブロフスクの高層気象台の共同研究者となり，気象実験を行うため，飛行船による飛行などの経験をしている．その影響か，1914-1918 年の第一次世界大戦では，航空兵として志願，爆撃機パイロットをこなした他，キエフの航空偵察学校の講師や中央航空局の局長なども務めた．

　1918 年，ロシア革命後に勃発した内戦の最中，フリードマンは新生ペルミ大学の教授に選ばれ，さまざまな役職につく．しかし，内戦の激化に伴い，1920 年にはサンクトペテルブルクへ戻ることになる．生まれ故郷に戻ったフリードマンは，1925 年に死去するまで，驚くほど多くの仕事をこなした．ペトログラード大学で数学と機械学を教え始めた他，ペトログラード工科大学では物理・数学部の教授に着任，ペトログラード交通工学研究所では応用航空課に，また，海軍兵学校では機械課長としても雇用される．原子力委員会の光学研究所では多電子原子モデルを研究し，地球物理観測所では気象学者としても研究に従事，のちに所長を務めた．加えて，気象と地球物理に関する 2 つの科学雑誌の編集長にもなった．なお，ビッグバン宇宙論の開祖であるジョージ・ガモフは，この時期，ペトログラード大学にて，フリードマンのもとで一般相対論を学んでいる．フリードマンは，一般相対論のみならず，流体力学，弾性理論，電気工学，近似計算

に関する論文を発表するなど，きわめて多才な側面を有する
研究者として活躍した．

　1925 年には，気象，生物，および医学実験の目的で，標
高 7,400 m という，当時の記録を塗り替える高高度気球飛
行に参加している．しかしながら，この後，レニングラード
（ソビエト連邦時代のサンクトペテルブルクの呼称名）に戻る
と，急激にフリードマンの体調が悪化する．腸チフスと診断
され，病院に運ばれたものの 2 週間ほどで死去した．37 歳
という若さであった．亡骸はスモレンスク墓地に埋葬され
た．

3　歴史的背景[*2,3,4]

　本章で取り上げる 1922 年出版の論文は，フリードマンが
ペトログラード大学にいた，まさに人生・研究に脂が乗った
時期に書かれたものである．アインシュタインが一般相対
論を完成させる一連の論文を発表したのは 1915-1916 年で
あったが，ロシアでは，第一次大戦に続き，革命の混迷期が
続いていた．そうした中，欧米の最新情報を吸収しつつも，
新しいアイデアを吹き込んだ研究を 1920 年代初頭にいち早
く発表できたことは，フリードマンの偉業といえるだろう．
なお，この論文の延長でもある，負の空間曲率をもった膨
張宇宙の研究が，1924 年に論文としてまとめられている[*5]．
1922，1924 年出版のこれら 2 本の論文が，フリードマンの
名を後世に伝えるきわめて重要な業績となった．

　ただし，当時は，(理論家，観測家を問わず)宇宙論研究者は，宇宙は静止していると確信しており，膨張宇宙という考え方自体，観測データの乏しい状況では容易に受け入れられなかった．アインシュタインですら，1922 年出版のフリードマン論文には難色を示し，出版元のドイツ学術誌 *Zeitschrift für Physik* に，「膨張宇宙の結果は自分にとっては疑わしい．求めた膨張宇宙解は場の方程式と整合せず，曲率半径は時間的に一定になるのが真の結果だ」という旨のコメントを送っている[*6]．ただし，この否定的コメントは，アインシュタイン自身の計算間違いが原因であった．後に，フリードマンの同僚だったクルトコフがアインシュタインと直接面会し，フリードマンが彼に宛てた手紙の内容を伝えると，アインシュタインは自分の間違いを認め，このコメントを撤回している[*7]．

　なお，同様の不幸は，1927 年に発表されたジョルジュ・ルメートルの論文にもふりかかっている[*8]．背景と経緯は本書第Ⅳ章に詳しいが，ルメートルはこの論文で，フリードマンの宇宙モデルを独自に見出し，今日，ハッブル–ルメートルの法則と呼ばれる宇宙の膨張速度に関する法則を導いた．膨張宇宙モデルを観測データに応用し，天文学的意味を議論したという点で画期的な論文だったが，出版元が『ブリュッセル科学会年報』というフランス語のマイナー雑誌だったこともあり，発表当初は，誰もこの論文を認識することはなか

った‡.

　しかるに，1930 年 1 月に開催されたイギリス王立天文学会にて状況が変化する．折しも，その前年，エドウィン・ハッブルが，観測データをもとに遠方銀河の距離と後退速度の関係を見出しており（ハッブル–ルメートルの法則，本書第IV章のハッブルの論文を参照），学会ではその解釈をめぐって，天文学業界の当時のオピニオンリーダーでもあったアーサー・エディントンとド・ジッターの間で議論がかわされた．そこで，非定常な宇宙，すなわち膨張宇宙解の可能性が指摘される．その話を聞いたルメートルは，膨張宇宙解の存在を示した彼の論文をエディントンに送るとともに，フリードマンがそうした解をすでに求めていたことも知らせる‡‡.

　実は，エディントンは，1927 年にルメートルの論文に目を通していたのだが，この時期まで完全に忘れていたようである．学会後，ド・ジッターとかわされた議論に関してエディントンは考察を進め，アインシュタインの静的宇宙の不安定性を示し，論文を執筆するが[*9]，この論文にて，ルメートルの論文とその研究の重要性を紹介する．その経緯があっ

---

　‡　ジョルジュ・ルメートルの論文[*8]とハッブル–ルメートルの法則に関する経緯については，本書第IV章の論文概説の他，次の文献にも詳しい解説記事がある：須藤 靖，"ハッブルかルメートルか：宇宙膨張発見史をめぐる謎"，日本物理学会誌 **67** 巻 5 号，p. 311–316（2012）

　‡‡　ルメートル自身が，フリードマンの論文の存在に気づくのは彼が論文[*8]を執筆した後であり，ソルベイ会議で出会ったアインシュタインからの指摘による．

て，1927年のフランス語で執筆した論文の英訳版が『イギリス王立天文学会月報』に出版されることとなり[*10]，ルメートルの功績が世に認められるようになった．さらに，この論文では，フリードマンの1922年の論文にも言及され，アインシュタインのコメントと合わせて紹介される運びとなった[‡].

　これ以後，徐々にだが，膨張宇宙のアイデアは受け入れられるようになっていく．しかしながら，この時期，フリードマン自身はすでに死去しており，膨張宇宙のモデルを最初に提供したのがフリードマンであったことを記憶している人はほとんどいなかった．したがって，フリードマンの論文の真の重要性が認識されるようになるには，さらに時間がかかった．おそらく，1930年半ばから50年代半ばにかけて，当時のロシア（ソ連）の宇宙論研究が発展途上であったことと，イデオロギーの対立が深まる世界情勢の中で，西側諸国からソ連の研究が故意に無視された経緯もあったと思われる．

4　論文の内容について[*2]

　現在では，フリードマンが見つけた膨張宇宙解は，一様かつ等方な膨張宇宙を記述する宇宙モデルとして知られてい

[‡] フリードマンの論文が引用された年なら，ロバートソンが1929年に執筆した論文[*11] の方が早い．ただ，ロバートソンは，フリードマンの導出方法に対し，批判的なコメントをしている．

る．標準的な宇宙論，あるいは一般相対論の教科書を紐解く
と，最初に，宇宙原理(コペルニクス原理)の記述があり，宇
宙が大域的に一様で等方であることを要請し，アインシュタ
イン方程式から膨張宇宙を記述するフリードマン方程式が導
かれる．ところが，フリードマンの論文では，1917 年にア
インシュタインとド・ジッターによって発表された 2 つの
静的宇宙モデル(論文では定常世界と呼んでいる)を包含する
形で，非定常な宇宙，すなわち膨張宇宙解を求めており，論
文前半部の仮定を読んでも，宇宙原理に相当する記述は見当
たらない．フリードマン自身，しばしば論文中で，アインシ
ュタインの円筒対称世界，ド・ジッターの球対称世界などと
呼んでいるように，空間対称性に対する記述があるのみで，
宇宙がもつべき大域的な性質・特徴について，何ら言及もな
い．実は，論文後半部の考察の中心となっている時空の計量
テンソル g_{ij} は(式(D_3))，正の空間曲率をもった一様・等
方宇宙を表しているのだが，フリードマンが採用した記法の
せいで，わかりづらくなっている‡．

　これらは，当時，ド・ジッターやアインシュタインの宇宙
モデルも含めて，宇宙原理の重要性があまり認識されていな
かったことを表している．また，フリードマンは，世界線素
(あるいは計量テンソル)の空間成分と時間成分の相対符号に
も無関心だったのか，先行論文との比較のため，勝手に符号

---

‡ 式(D_3)で，$x_1 \to \chi$，$x_2 \to \theta$，$x_3 \to \phi$，$x_4 \to t$ などと置き換えれ
ば，現在の教科書でよく見かける計量になる．

を変えるなどしている.

　なお,宇宙原理に基づく一様・等方宇宙の計量テンソル
は,後年,ロバートソンとウォーカーによって,数学的によ
り正確な導出がなされている[*11,12,13].それにより,ド・ジッ
ターやフリードマンらの用いた計量の関係性・特性など
が明らかになった.ちなみに,空間曲率が正・ゼロ・負の3
つの宇宙モデルを統一的に記述したのは,ロバートソンで
ある.幾何学的にもっとも単純な曲率ゼロの平坦宇宙が,フ
リードマンやルメートルの論文で扱われなかったことは,多
少奇妙といえなくもない.さらに,圧力がゼロでない相対論
的物質(輻射)を考慮した宇宙モデルへと拡張を行い,現代的
な膨張宇宙モデルが完成したのも,ロバートソンとウォーカ
ーらによってであった.そのため,現在では,天文観測へ応
用したルメートルの功績と合わせて,膨張宇宙モデルを記述
する一般的なクラスの計量を,フリードマン–ルメートル–ロ
バートソン–ウォーカー(FLRW)計量と呼ぶことが多い.ま
た,フリードマンモデル,あるいはフリードマン–ルメート
ルモデルと呼ぶときは,通常,フリードマンとルメートルが
求めた具体的な膨張解,すなわち曲率をもった宇宙項入りの
物質優勢宇宙の解を指して用いる.

　以上の経緯を見ると,フリードマンの論文は,当時の混乱
や認識不足が投影された論文であるともいえなくはない.し
かしながら,一般相対論の発表間もない時期に,膨張宇宙の
存在をいち早く見いだし,膨張宇宙のダイナミクスを明ら

かにした先駆的な研究として，その偉業は後世に伝えるべきものである．アインシュタイン自らも固執したように，宇宙は静的であるべきという，当時の "常識的" 見方にとらわれず，新しい解を発見したこと自体，称賛に値する．おそらく，フリードマンがロシア人として生をうけ，ロシア革命の混迷期において，それまでの社会通念が成り立たない状況下にあったからこそ，自由な発想をくり広げることができたのかもしれない．

　ここで，フリードマンの論文の中で，特に興味深い点を 2 つ挙げておこう．その 1 つは，論文のしめくくりで議論されている振動宇宙(循環宇宙)の周期の見積もりである．フリードマンは，宇宙に存在する物質の質量を $5 \times 10^{21} \, M_\odot$ と推定し($1 \, M_\odot$ は 1 太陽質量)，振動する宇宙の周期を 100 億年のオーダーと見積もっている．実際に数値を論文最後の式に代入してみると 33 億年程度となるが，あくまでも参考値として慎重に，100 億年オーダーとしたのであろう．現在になって確立した宇宙の標準モデルによると宇宙年齢が 138 億年なので，そう悪くはない見積もりである．一体，どのようにして宇宙の質量を推定したのか，論文からは窺い知れないが，執筆当時の状況に立ち戻って考えてみることは興味深い．

　興味深い点のもう 1 つは，現在でもしばしば見かける誤解，すなわち，正の空間曲率をもった宇宙なら寿命は有限であるという考え方が誤りであることを，フリードマンの論

文でも指摘している点である．具体的には，4節の「第1種
の単調な世界」と呼ばれるクラスの膨張解に対して，「$A \leq \frac{2}{3} R_0$ なら，…（中略）…世界創生からの時間は上限なく増大
する」という記述が，それに対応する．誤解の原因は，アイ
ンシュタインが導入した宇宙項にある．この宇宙項は，宇宙
膨張のダイナミクスに決定的な影響を及ぼしうる．

　顕著な例は，宇宙の加速膨張である．現在，遠方の超新星
の観測などを通じて，宇宙の膨張が加速していることが明ら
かになっているが，宇宙の膨張を加速させる最も単純なから
くりは，真空のエネルギーとしての役割をはたす，正の宇宙
項の導入である．フリードマンの論文では，正の曲率をもっ
た宇宙に宇宙項を入れているが，こうした宇宙モデルでも加
速膨張は起こりうる．実際，「第1種の単調な世界」は，減
速膨張から加速膨張につながる解になっている．しかるに，
そのことを明確に示す記述はフリードマンの論文からは窺
えない．むしろ，宇宙創生からの時間に焦点をあてて，加速
度を含む方程式(4)と，現在ではフリードマン方程式として
知られる，(5)式から方程式の解を積分形で表し，膨張宇宙
の性質を議論している．宇宙が加速膨張しうることは，(4)
(5)式を組み合わせると簡単に示せるのだが[*14]，彼がそうし
なかった理由は，今となっては知る由もない．当時の"常識
的"見方からすると，宇宙が膨張するだけでなく，加速膨張
するというのは輪をかけてクレージーと思われたからかもし
れないが，ともかく，後世，さらなる栄誉に浴する絶好の機

会を逃した.

*1 マックチューター数学史アーカイブ,
    https://mathshistory.st-andrews.ac.uk/Biographies/
    Friedmann/

*2 A. Krasinński, G. F. R. Ellis, "Editor's Note: One
    the Curvature of Space/ On the Possibility of a World
    with Constant Negative Curvature of Space by A. Fried-
    mann", *General Relativity and Gravitation*, **31** (1990),
    1985.

*3 "A A Friedmann: centenary volume", *Proceedings of
    the Friedmann Centenary Conference*, Leningrad,
    USSR, June 22-26, 1988, Editors: M. A. Markov, V. A.
    Berezin & V. F. Mukhanov (World Scientific, 1990).

*4 J.-P. Luminet, "Editorial note to: Georges Lemaître,
    A homogeneous universe of constant mass and increas-
    ing radius accounting for the radial velocity of extra-
    galactic nebulae", *General Relativity and Gravitation*,
    45 (2013), 1619.

*5 A. Friedmann, "On the Possibility of a World with
    Constant Negative Curvature of Space", *General Rela-
    tivity and Gravitation*, **31** (1999), 2001. オリジナルはド
    イツ語論文誌, *Zeitschrift für Physik*, **21** (1924), 326 に,
    "Uber die Möglichkeit einer Welt mit konstanter nega-
    tiver Krümmung des Raumes" という題にて出版されて
    いる.

*6 A. Einstein, "Bemerkung zu der Arbeit von A. Fried-
    mann „Über die Kruümmung des Raumes"", *Zeitschrift*

für Physik, **11** (1922), 326.

*7 A. Einstein, "Notiz zu der von A. Friedmann 〟Über die Kruümmung des Raumes""", *Zeitschrift für Physik*, **16** (1923), 228.

*8 G. Lemaître, "Un Univers homogene de masse constante et de rayon croissant rendant compte de la vitesse radiale des nebuleuses extra-galactiques", *Annales de la Societe Scientifique de Bruxelles*, **A47** (1927), 49.

*9 A. S. Eddington, "On the Instability of Einstein's Spherical World", *Monthly Notices of the Royal Astronomical Society*, **90** (1930), 668.

*10 G. Lemaître, "A Homogeneous Universe of Constant Mass and Increasing Radius accounting for the Radial Velocity of Extra-galactic Nebulae", *Monthly Notices of the Royal Astronomical Society*, **91** (1931), 483.

*11 H. P. Robertson, "On th Foundations of Relativistic Cosmology", *Proceedings of the National Academy of Sciences*, **15** (1929), 822.

*12 H. P. Robertson, "Relativistic Cosmology", *Reviews of Modern Physics*, **5** (1933), 62.

*13 A. G. Walker, "On Riemannian spaces with spherical symmetry about a line, and the conditions for isotropy in general relativity", *The Quarterly Journal of Mathematics*, Oxford series, **6** (1935), 81.

*14 フリードマンの宇宙モデルで加速膨張が起きうることは，具体的には次のように示せる．本論文の(4)(5)式を組み合わせると，スケールファクター R（フリードマンの論文でいうところの曲率，あるいは曲率半径）についての運動方程式，$R''/R^2 = \lambda/3 - (\kappa/6)\rho c^2$ が導ける．ここで，本

論文の(8)式より，$\rho \propto R^{-3}$ である．したがって，もし，R が増大し続ける状況が続けば，この方程式の右辺第2項は無視でき，宇宙項が正の場合，右辺は正となる．つまり，$R'' > 0$ となることを意味し，宇宙は加速膨張する．論文でいうところの第1種，および第2種の単調世界は，加速膨張を含む解となっている．

空間の曲率について

アレクサンドル・フリードマン（樽家篤史訳）

§1　1　アインシュタイン[*1]とド・ジッター[*2]は，一般的な宇宙論の問題に関する著名な研究において，2種類の宇宙の可能性にたどりついた．アインシュタインは，空間[*3]が時間に依存しない一定の曲率をもち，曲率半径が空間に存在する物質の総質量と結びついているという，いわゆる円筒対称な世界を得た．一方，ド・ジッターは，空間のみならず，ある意味，世界自体が定数の曲率をもったものとして記述される球対称世界を得ている[*4]．その際，アインシュタインとド・ジッターは両者とも，物質テンソル[†1]についてある種の前提条件を課している．それは，物質のインコヒーレンス[†2]と相対的な静止状態に対応するもので，言いかえれば，物質の速度は基本速度[*5]である光の速度に比べて十分に小さいとみなせる，という条件である．

この報告書の目標は，第1に，いくつかの一般的な仮定から円筒対称と球対称世界を（特別な場合として）導出することであり，第2に，空間座標として機能する3つの座標に

ついては定数だが，時間，すなわち4つ目の座標である時間座標には依存するような空間曲率をもった世界の可能性を示すことにある．この新しいタイプの世界は，それ以外の性質については，アインシュタインの円筒対称世界と類似している．

2 考察の基礎となる仮定は2つのクラスに分けられる．第1のクラスは，アインシュタインやド・ジッターの仮定とも一致するが，重力ポテンシャルが従う方程式を，物質の状態と運動に関係づけるという仮定である．第2のクラスは，世界に対する一般的な，幾何学的ともいうべき性質に属する仮定である．これらの仮定から，特別な場合として，アインシュタインの円筒対称世界と，ド・ジッターの球対称世界が導かれる．

第1のクラスの仮定は次の通りである：

1. 重力ポテンシャルは，宇宙項〔λ〕を加えた次のアインシュタイン方程式系に従う．ただし，宇宙項はゼロにおくこともできるとする：

$$R_{ik} - 1/2\, g_{ik}\, \overline{R} + \lambda\, g_{ik} = -\kappa\, T_{ik}$$
$$(i, k = 1, 2, 3, 4), \qquad \text{(A)}$$

ここで，g_{ik} は重力ポテンシャルで[3]，T_{ik} は物質テンソル，κ は定数，$\overline{R}$ は $\overline{R} = g^{ik} R_{ik}$ であり，R_{ik} は次の式から計算される：

$$R_{ik} = \frac{\partial^2 lg\sqrt{g}}{\partial x_i \partial x_k} - \frac{\partial lg\sqrt{g}}{\partial x_\sigma} \left\{ \begin{matrix} ik \\ \sigma \end{matrix} \right\}$$

$$- \frac{\partial}{\partial x_\sigma} \left\{ \begin{matrix} ik \\ \sigma \end{matrix} \right\} + \left\{ \begin{matrix} i\alpha \\ \sigma \end{matrix} \right\} \left\{ \begin{matrix} k\sigma \\ \alpha \end{matrix} \right\}, \qquad \text{(B)}$$

ここで，x_i $(i=1,2,3,4)$ は世界座標で，$\left\{ \begin{matrix} ik \\ l \end{matrix} \right\}$ は第2種クリストッフェル記号である[*6, †4].

2. 物質はインコヒーレントであり，相対的に静止している．もう少し厳密に言うなら，物質どうしの相対速度は光の速度に比べて無視できるほど小さい．これらの仮定の帰結として，物質テンソルは次の方程式で与えられる：

$$T_{ik} = 0 \ (i \neq 4 \neq k),$$
$$T_{44} = c^2 \rho \, g_{44}, \qquad \text{(C)}$$

ここで，ρ は物質の密度で，c は基本速度（光速）であり，さらに，世界座標は 3 次元空間座標 x_1, x_2, x_3 と時間座標 x_4 とに区分されている．

3　第 2 のクラスの仮定は以下の通りである：

I. [†5]　3 つの座標 x_1, x_2, x_3 で割り当てられた空間は，定数の曲率をもっている．ただし，それは x_4，つまり時間座標にも依存してよいとする．$ds^2 = g_{ik}dx_idx_k$ によって与えられる間隔[*7]ds は，適切な

空間座標の導入により，次の形式にすることができる：

$$ds^2 = R^2(dx_1^2 + \sin^2 x_1\, dx_2^2 + \sin^2 x_1 \, \sin^2 x_2\, dx_3^2)$$
$$+ 2g_{14}dx_1dx_4 + 2g_{24}dx_2dx_4 + 2g_{34}dx_3dx_4$$
$$+ g_{44}dx_4^2.$$

ここで，R は x_4 だけに依存する．R は空間の曲率半径に比例するものであり，そのため，曲率半径も時間とともに変化する[†6].

2. ds^2 の表式において，g_{14}, g_{24}, g_{34} は時間座標の選び方によって消去することができる．つまり，時間は空間と直交できる．この第2の仮定については，物理的あるいは哲学的な理由があるわけではない．単に計算を簡単化するためのものである．ただし，われわれの仮定の中には，アインシュタインとド・ジッターの世界が，特別な場合として含まれていることを注記しておこう．

1と2の仮定の帰結として，ds^2 を次のような形に表すことができる[†7]：

$$ds^2 = R^2(dx_1^2 + \sin^2 x_1\, dx_2^2 + \sin^2 x_1 \sin^2 x_2\, dx_3^2)$$
$$+ M^2\, dx_4^2, \qquad\qquad (D)$$

ここで R は x_4 の関数であり，M は一般にすべての世界座標に依存する．アインシュタイン宇宙は，式(D)において

R^2 を $-\dfrac{R^2}{c^2}$ に，さらに M を 1 に置くことで得られる．その場合，R は（x_4 に依らない）一定値をもった空間の曲率半径となる．ド・ジッター宇宙は，R^2 を $-\dfrac{R^2}{c^2}$ に，M を $\cos x_1$ に置き換えると得られる：

$$d\tau^2 = -\frac{R^2}{c^2}(dx_1^2 + \sin^2 x_1\, dx_2^2 + \sin^2 x_1 \sin^2 x_2\, dx_3^2)$$
$$+ dx_4^2, \tag{D_1}$$

$$d\tau^2 = -\frac{R^2}{c^2}(dx_1^2 + \sin^2 x_1\, dx_2^2 + \sin^2 x_1 \sin^2 x_2\, dx_3^2)$$
$$+ \cos^2 x_1 dx_4^2. \;\; {}^{*8} \tag{D_2}$$

4　ここで，世界座標がどこまで広がっているか，つまり 4 次元多様体のどの点までを異なるものとして扱うか，明確にしておく必要がある．特段の正当化はしないが，空間座標は次の区間まで広がっているものとする：x_1 は $(0, \pi)$，x_2 は $(0, \pi)$，x_3 は $(0, 2\pi)$ の区間までとする．時間座標については，事前に制限するような仮定はしない．ただし，この点は以下でさらに検討することにする．

§2　**1**　仮定（C），（D）から，（A）式の $i = 1, 2, 3$，そして $k = 4$ は，以下のように表せる：

$$R'(x_4)\frac{\partial M}{\partial x_1} = R'(x_4)\frac{\partial M}{\partial x_2} = R'(x_4)\frac{\partial M}{\partial x_3} = 0;$$

これより，次の 2 つの場合が考えられる：（1.）$R'(x_4) = 0$，

つまり R が x_4 に依存しない場合．この世界を定常世界としよう；(2.) $R'(x_4)$ はゼロでなく，M は x_4 のみに依存する場合．これは非定常世界と呼べるものである．

まず，定常世界を考え，$i, k = 1, 2, 3$ に対してと，さらに $i \neq k$ に対して，式(A)を書き下すことにする．すると，次のような方程式系が得られる[†8]：

$$\frac{\partial^2 M}{\partial x_1 \partial x_2} - \cotg x_1 \frac{\partial M}{\partial x_2} = 0,$$

$$\frac{\partial^2 M}{\partial x_1 \partial x_3} - \cotg x_1 \frac{\partial M}{\partial x_3} = 0,$$

$$\frac{\partial^2 M}{\partial x_2 \partial x_3} - \cotg x_2 \frac{\partial M}{\partial x_3} = 0.$$

これらの方程式を積分すると次のような M に対する表式が得られる：

$$M = A(x_3, x_4) \sin x_1 \sin x_2 + B(x_2, x_4) \sin x_1$$
$$+ C(x_1, x_4), \tag{1}$$

ここで，A, B, C はそれぞれの引数についての任意関数である．R_{ik} についての方程式(A)を解き，まだ使っていない方程式から未知の密度 ρ[*9] を消去すると，M の表式(1)を代入することで，やや長いが全て初等的な計算から，M についての次の2通りの可能性を得る：

$$M = M_0 = \mathrm{const}, \tag{2}$$

$$M = (A_0 x_4 + B_0) \cos x_1, \tag{3}$$

ここで，M_0, A_0, B_0 は定数である．

　もし，M が定数に等しい場合，定常世界は円筒対称な世界となる．この場合，式(D_1)の重力ポテンシャルを使って計算すると便利であり，密度と λ という量を決めると，アインシュタインのよく知られた結果が得られる：

$$\lambda = \frac{c^2}{R^2}, \quad \rho = \frac{2}{\kappa R^2}, \quad \overline{M} = \frac{4\pi^2}{\kappa} R,$$

ここで，$\overline{M}$ は空間の全質量を意味する[†9]．

　2つめの可能性として，$\overline{M}$[†10] が(3)式で与えられる場合，x_4[*10] をうまく変換することでド・ジッターの球対称世界にたどりつく．このとき，$M = \cos x_1$ であり，(D_2)式を用いて，次のド・ジッターの関係を得る[†11]：

$$\lambda = \frac{3c^2}{R^2}, \quad \rho = 0, \quad \overline{M} = 0.$$

したがって，次の結果を得たことになる：定常な世界は，アインシュタインの円筒対称世界か，ド・ジッターの球対称世界のどちらかに限られる．

2　ここからは，非定常な世界を考えていきたい．M は x_4 の関数となるが，x_4 をうまく選ぶことで(考察の一般性を損なうことなく)，$M = 1$ とできる．この関係をわれわれの通常の描像と関連づけるため，ds^2 の表式を(D_1)式や(D_2)式と類似した形式で与えておく：

$$d\tau^2 = -\frac{R^2(x_4)}{c^2}(dx_1^2 + \sin^2 x_1\, dx_2^2 + \sin^2 x_1 \sin^2 x_2\, dx_3^2)$$
$$+ dx_4^2. \tag{D_3}$$

ここでの課題は，(A)式から R と ρ を決定することである．明らかなことだが，(A)式において，異なる添字の成分からは何も得られない．(A)式の $i=k=1,\ 2,\ 3$ からは，1つの関係が得られる：

$$\frac{R'^2}{R^2} + \frac{2RR''}{R^2} + \frac{c^2}{R^2} - \lambda = 0, \tag{4}$$

方程式(A)の $i=k=4$ からは次の関係が得られる：

$$\frac{3R'^2}{R^2} + \frac{3c^2}{R^2} - \lambda = \kappa\, c^2\, \rho, \tag{5}$$

ただし，

$$R' = \frac{dR}{dx_4} \quad \text{と} \quad R'' = \frac{d^2 R}{dx_4^2}.$$

R' はゼロではないので，x_4 を t と表記した上で(4)式を積分すると，次の式が得られる：

$$\frac{1}{c^2}\left(\frac{dR}{dt}\right)^2 = \frac{A - R + \dfrac{\lambda}{3c^2} R^3}{R}, \tag{6}$$

ここで，A は任意定数である．この式から R の解が楕円積分の逆関数として，つまり，以下の式を R について解くことで得られる：

$$t = \frac{1}{c} \int_a^R \sqrt{\frac{x}{A - x + \dfrac{\lambda}{3c^2} x^3}} \, dx + B, \qquad (7)$$

上式において，B と a は定数である．ここで，平方根の符号の変化についての通常の条件にも注意すべきである．(5) 式から，ρ が以下のように求まる

$$\rho = \frac{3A}{\kappa R^3}; \qquad (8)$$

定数 A は，空間の全質量 $\overline{M}$ を用いて以下のように表される：

$$A = \frac{\kappa \overline{M}}{6\pi^2}. \qquad (9)$$

つまり，$\overline{M}$ が正なら，A も正になる．

3　非定常世界の考察において，基礎とすべきは，方程式 (6) と (7) である．ここでは，λ という量は決定されておらず，任意の値をとるものと仮定する．その上で，(7) 式の平方根の符号が変わるときの変数 x の値を求めよう．考察の対象を正の曲率半径に限定する場合，x は $(0, \infty)$ の間隔で考えればよく，この範囲で平方根の分母が 0 または ∞ となる x の値を探せば十分である．その 1 つは，$x = 0$ であり，このとき，(7) 式の平方根はゼロとなる．残りの x の値は，方程式 $A - x + \dfrac{\lambda}{3c^2} x^3 = 0$ の正の根で与えられ，この値を境に，(7) 式の平方根は符号を変える．$\dfrac{\lambda}{3c^2}$ を y と表し，

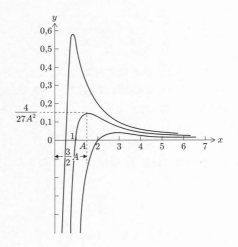

(x, y)-平面で，次の3次の曲線族を考える：

$$yx^3 - x + A = 0. \qquad (10)$$

ここで A は曲線族のパラメータで，区間 $(0, \infty)$ の値をとりうる．この曲線族は（図を参照），点 $x = A$，$y = 0$ で x-軸を横切り，以下の点で最大値をとる：

$$x = \frac{3A}{2}, \quad y = \frac{4}{27A^2}.$$

図から明らかなように，負の λ に対して，方程式 $A - x + \dfrac{\lambda}{3c^2}x^3 = 0$ は区間 $(0, A)$ において1つの正の根 x_0 をもつ．

x_0 は λ と A の関数であり,

$$x_0 = \Theta(\lambda, A)$$

と記すと, Θ は λ と A の増加関数であることがわかる. もし, λ が $(0, \dfrac{4}{9}\dfrac{c^2}{A^2})$ の区間内に位置するなら, 方程式は2つの根 $x_0 = \Theta(\lambda, A)$ と $x_0' = \vartheta(\lambda, A)$ をもつ. ここで, x_0 は区間 $(A, \dfrac{3A}{2})$ にあり, x_0' は区間 $(\dfrac{3A}{2}, \infty)$ にある. $\Theta(\lambda, A)$ は λ と A の増加関数だが, $\vartheta(\lambda, A)$ は λ と A に対して減少関数となる. 最後に, λ が $\dfrac{4}{9}\dfrac{c^2}{A^2}$ より大きいと, 方程式は正の根をもたなくなる.

　これから, (7)式の検討に移るが, その検討に先立ち, 注意点を述べておく:以下では, $t=t_0$ における曲率半径を R_0 と等値とする. $t=t_0$ における(7)式の平方根の符号は, $t=t_0$ における曲率半径が増大するか減少するかに応じて, 正もしくは負になるが, 必要に応じて t を $-t$ に置き換えることで, 平方根は常に正にできる. すなわち, 時間のとり方で, $t=t_0$ における曲率半径は, 常に時間とともに増加するようにとることができる.

4　まず, $\lambda > \dfrac{4}{9}\dfrac{c^2}{A^2}$ の場合, つまり方程式 $A - x + \dfrac{\lambda}{3c^2}x^3 = 0$ が正の根をもたない場合を考える. (7)式は次のような形に書くことができる

$$t - t_0 = \frac{1}{c} \int_{R_0}^{R} \sqrt{\frac{x}{A - x + \frac{\lambda}{3c^2} x^3}} dx, \qquad (11)$$

ここで，上述の注意点に従うと，平方根は常に正である．これより，R は t の増加関数であることがわかり，正の初期値である R_0 は特に制約なく自由にとれる．

曲率半径はゼロよりも小さくなれないので，時間を遡って R_0 から減少させていくと，ある時刻 t' で曲率半径はゼロにならないといけない．R が 0 から R_0 に増大するまでの時間を，世界創生からの時間と呼ぶことにしよう[*11]．この時間 t' は次で与えられる：

$$t' = \frac{1}{c} \int_0^{R_0} \sqrt{\frac{x}{A - x + \frac{\lambda}{3c^2} x^3}} dx. \qquad (12)$$

ここで考えた世界を，第1種の単調な世界と呼ぶことにする[†12]．

（第1種の単調な）世界創生からの時間は，R_0, A, λ の関数として考えると，次のような性質をもっている：1. R_0 の増加とともに増大する：2. A が増加，つまり空間内の質量が増大すると，減少する：3. λ が増加すると減少する．もし，$A > \frac{2}{3} R_0$ なら，任意の λ に対して世界創生からの時間は有限しか経過しなかったことになる．$A \leq \frac{2}{3} R_0$ なら，$\lambda = \lambda_1 = \frac{4c^2}{9A^2}$ という値に近づくような λ を常にとりえて，このとき，世界創生からの時間は上限なく増大する．

5　今度は，λ が $(0, \dfrac{4c^2}{9A^2})$ の範囲にあるとしよう．このとき，曲率半径の初期値は，$(0, x_0)$，(x_0, x_0')，(x_0', ∞) の区間に存在することになる．もし，R_0 が (x_0, x_0') の範囲にある場合，(7)式の平方根は虚数になり，このような初期の曲率半径をもつ空間を考えることができない．

　次の節では R_0 が区間 $(0, x_0)$ にある場合を考えることにするが，ここでは，3 番目の場合，つまり $R_0 > x_0'$，あるいは $R_0 > \vartheta(\lambda, A)$ となる場合を考えることにする．先ほどと同様の考察により，R は初期値 $x_0' = \vartheta(\lambda, A)$ から始まる時間の増加関数であることが示せる．$R = x_0'$ の瞬間から $R = R_0$ に対応する瞬間までの時間を，再び，世界創生からの時間と呼ぶことにする．この時間を t' とすると，

$$t' = \frac{1}{c} \int_{x_0'}^{R_0} \sqrt{\frac{x}{A - x + \dfrac{\lambda}{3c^2} x^3}}\, dx. \qquad (13)$$

この世界を第 2 種の単調な世界と呼ぶ[†13]．

6　ここで，λ が区間 $(-\infty, 0)$ にある場合を考えてみる．この場合，もし $R_0 > x_0 = \Theta(\lambda, A)$ なら(7)式の平方根は虚数になり，この R_0 という値をもつ空間は許されない．仮に $R_0 < x_0$ なら，前節で脇に置いておいた場合と同等である．したがって，λ は $(-\infty, \dfrac{4c^2}{9A^2})$ の範囲にいて $R_0 < x_0$ にあると考えることができる．知られている考察により[*12]，R は t の周期関数であることが示せる．その周期を t_π と記し

て，世界周期と呼ぶことにする．t_π は以下の公式で与えられる：

$$t_\pi = \frac{1}{c} \int_0^{x_0} \sqrt{\frac{x}{A - x + \dfrac{\lambda}{3c^2} x^3}}\, dx. \qquad (14)$$

これにより，曲率半径は 0 から x_0 まで変化する．この世界を周期世界と呼ぶことにしよう[14]．周期世界の周期は，λ を大きくすると増大し，λ を $\lambda_1 = \dfrac{4c^2}{9A^2}$ に近づけると，無限大に発散する．

小さな λ に対しては，周期は以下の近似式で表せる：

$$t_\pi = \frac{\pi A}{c}. \qquad (15)$$

この周期世界に対しては，2 つの見方が可能である：もし，空間座標が一致し，かつ，時間座標の差が周期の整数倍だった場合にそれら 2 つの事象を同一と見なせるなら，曲率半径は 0 から x_0 に増え，減少へ転じた後にゼロとなって終焉する．つまり，世界が存在できる時間は有限となる．一方，もし時間が $-\infty$ から $+\infty$ までの間をとりうるとするなら（この場合，空間座標だけでなく，世界座標が一致する場合にのみ 2 つの事象を同一視する），空間曲率は真に周期性をもつ．

7 われわれの宇宙はどちらの世界なのか，数値計算を行って判断するにしても，われわれの知見ではまったく不十分で

ある．こうした疑問には，因果律の問題と中心力の問題を解明する可能性がある．この問題において，「宇宙論的」な量である λ は余分な定数であるため，われわれの導いた公式からは決定できないことを注意点として記しておこう．おそらく，電気力学的な考察からその値を評価できるかもしれない．仮に，$\lambda = 0$ とし，$M = 5 \times 10^{21}$ 太陽質量とおくと，世界周期は 100 億年のオーダーになる．しかし，これらの数値は，われわれの計算に基づく一例にすぎないことを断っておく．

原　注

*1　（原論文 p. 377 の脚注と同番号）Einstein, "Cosmological considerations relating to the general theory of relativity",（*Sitzungsberichte Berl. Akad.* 1917）.

*2　（原論文 p. 377 の脚注と同番号）de Sitter, "On Einstein's theory of gravitation and its astronomical consequences",（*Monthly Notices of the R. Astronom. Soc.* 1916-1917）.

*3　（原論文 p. 377 の脚注と同番号）ここでいう「空間」とは，3 次元の多様体によって記述される空間を意味し，「世界」は 4 次元の多様体に対応する．

*4　（原論文 p. 377 の脚注と同番号）Klein, "On the integral form of the conservation theorems and the theory of the spatially closed world."（*Götting. Nachr.* 1918）.

*5　（原論文 p. 377 の脚注と同番号）この呼称については，エディントンの著書 "Espace, Temps et Gravitation, 2 Partie"（Paris 1921）S. 10 を参照.

*6 （原論文 p. 378 の脚注 1）本論文の R_{ik} と $\overline{R}$ の符号は通常のものとは異なる.

*7 （原論文 p. 378 の脚注 1）例えば, Eddington, "Espace, Temps et Gravitation, 2 Partie"（Paris 1921）を見よ.

*8 （原論文 p. 379 の脚注 1）ds は時間の次元をもつと仮定したが, ここでは $d\tau$ と記している. この場合, 定数 κ は $\dfrac{長さ}{質量}$ の次元をもち, CGS 単位系では, 1.87×10^{-27} に等しくなる. Laue, "Die Relativitätstheorie", (Bd. II, S. 185, Braunschweig 1921）を見よ.

*9 （原論文 p. 380 の脚注 1）密度 ρ は, ここでは, 世界座標 x_1, x_2, x_3, x_4 の未知関数である.

*10 （原論文 p. 381 の脚注 1）この変換は
$d\overline{x}_4 = \sqrt{A_0 x_4 + B_0}\, dx_4$ という式で与えられる.

*11 （原論文 p. 384 の脚注 1）世界創生からの時間は, 空間が一点（$R = 0$）だった瞬間から現在の状態（$R = R_0$）に至るまでに経過した時間を表す. この時間は無限大にもなりうる.

*12 （原論文 p. 385 の脚注 1）例えば, Weierstrass, "On a class of real periodic functions"（*Monatsber. d. Königl. Akad. d. Wissensch.* 1866）, Horn, "On the theory of small finite oscillations"（*ZS. f. Math. und Physik* **47**, 400, 1902）を見よ. これらの著者の考察は, われわれの場合には適切に変更される必要がある. われわれの場合の周期性は, 初等的な考察から決定できる.

訳　注
†1 アインシュタイン方程式の右辺に現れるエネルギー・運動量テンソルを指す.

†2　ここでいうインコヒーレンとは，物質が，相互作用など
　　を通じて一体となって集団運動することなく，乱雑な状態
　　にある様を意味している．

†3　現代的には，g_{ik} は計量テンソルと呼ばれる．

†4　第２種クリストッフェル記号 $\left\{ {ik \atop l} \right\}$ は，現代では $\left\{ {l \atop ik} \right\}$ の
　　ように，ラベルを上下逆にして書くのが通例である．また，
　　(B)式に現れる記号 lg は，対数 $\log$ である．

†5　原文では，この箇所だけアラビア数字でなくローマ数字
　　の "I" になっている．英訳版でも忠実に再現されている．

†6　この R は，宇宙膨張による空間の伸縮を考慮して物理的
　　な実スケールに換算するための量で，現在ではスケールフ
　　ァクターと呼ばれている．この論文では，R を空間の曲率
　　半径と同一視し，特に後半部の２では，曲率半径と呼んで
　　いる．

†7　(D)式に基づくと，計量テンソル g_{ij} の時間成分と空間成
　　分は，それぞれ $g_{11} = g_{22} = g_{33} = R^2$ と $g_{44} = M^2$ と読み取
　　れ，どちらも正符号になってしまう．本来は，$(D_1)(D_2)$
　　式のように，時間成分と空間成分の計量テンソルは反対符
　　号にとらないと，アインシュタイン方程式を正しく計算す
　　ることができない．

†8　$\cot g$ は余接関数であり，現代の標準的な表記では $\cot$ と
　　記される．

†9　空間の全質量とは，以下で定義される量である：

$$\overline{M} \equiv \int_0^\pi dx_1 \int_0^\pi dx_2 \int_0^{2\pi} dx_3 \sqrt{g^{(3)}} \, \rho \qquad (16)$$

　　ここで，$g^{(3)}$ とは空間３次元の計量テンソルの行列式で
　　あり，アインシュタインの静的宇宙解(本論文でいうとこ
　　ろのアインシュタインの円筒対称世界)の場合，$g^{(3)} =$

$(R^3 \sin^2 x_1 \sin x_2)^2$ で与えられる.

†10 M の誤植と思われる. 英訳版でも原文通り, $\overline{M}$ となっている.

†11 このド・ジッターの定常球対称世界は, (D$_2$)式で与えられる線素に対し, $x_2 \to \theta$, $x_3 \to \phi$, $x_4 \to t$ と読み替え, $r = R \sin x_1$ という座標変換をほどこすと,

$$ds^2 \equiv c^2 d\tau^2 = \left\{1 - \left(\frac{r}{R}\right)^2\right\} c^2 dt^2$$
$$- \left\{1 - \left(\frac{r}{R}\right)^2\right\}^{-1} dr^2 + r^2 (d\theta^2 + \sin^2 \theta \, d\phi^2) \quad (17)$$

という線素に帰着する. これは, 正の宇宙項をもった極大対称解として知られるド・ジッター時空解の静的座標を表している.

†12 この膨張宇宙解は, 曲率半径(スケールファクター)がゼロとなるような, 初期特異点を含む解であり, 初期特異点に対応する世界創生から始まった宇宙は, しばらくは減速膨張をしたのち, 加速膨張に転じ, 宇宙項が優勢のド・ジッター宇宙につながる. ただし, 本論文にも記述されているように, スケールファクターが $A \geq \frac{2}{3} R_0$ を満たし, かつ, 宇宙項 λ が $\frac{4c^2}{9A^2}$ に近い場合, 減速膨張から加速膨張に転じる時刻が長くなり, $\lambda \to \frac{4c^2}{9A^2}$ の極限では, 世界創生からの時刻は無限大に発散する. これは, 解が加速膨張に転じる前に, 後述の訳注にあるアインシュタインの静的宇宙解に漸近するためである.

†13 この第2種の単調世界は, 第1種の単調世界と異なり, 初期特異点を含まない解である. 世界創生の時刻よりさらに遡って宇宙の進化を考えることができ, 収縮宇宙から始まって世界創生に対応する時刻で膨張宇宙に転じ, 宇宙項

が優勢の加速膨張解(ド・ジッター宇宙)へとつながる．なおこの解は，極限としてアインシュタインの静的宇宙解を含んでいる($\lambda = \dfrac{4c^2}{9A^2}$, かつ $R_0 = \dfrac{3}{2} A$ の場合に対応)．

†14　宇宙項 λ が負の場合，もしくは，$0 \leq \lambda \leq \dfrac{4c^2}{9A^2}$ かつ $R_0 < x_0$ の場合，宇宙の曲率半径(スケールファクター)は有限になり，宇宙膨張は必ず収縮に転じる．原著論文では，宇宙の膨張・収縮過程が数学的に周期関数として表せることから，宇宙の周期性を議論しているが，特異点が現れるため，スケールファクターがゼロとなる時刻を超えて宇宙の進化を議論することは，古典的にはできない．

第 IV 章
宇宙膨張の観測的発見

論文解説

須 藤 　靖

1 アインシュタイン解とド・ジッター解

　われわれの住む宇宙が膨張しているという発見は，ダーウィンの進化論，ワトソンとクリックによる DNA の二重らせんの発見と並んで，科学的世界観に計り知れない大きな影響を与えたまさに歴史的な業績であるにもかかわらず第Ⅲ章で取り上げたフリードマンの膨張宇宙モデルは，われわれの宇宙には対応していない非現実的な数学的解に過ぎないと考えられ，ほぼ無視されていた．そのような当時の「常識」を覆して，宇宙が実際に膨張していることを観測的に初めて示したとされていたのがアメリカの天文学者エドウィン・ハッブル（Edwin Powell Hubble: 1889-1953）だ．

　このハッブルの論文が出版されたのは 1929 年である（文献 1）．しかし実は，ベルギー出身のカトリック神父で宇宙論の研究者でもあったジョルジュ・ルメートル（Georges Henri Joseph Édouard Lemaître: 1894-1966）は，ブリュッセル科学会紀要というあまり知られていない雑誌に発表した 1927 年のフランス語の論文において，すでに「ハッブルの法則」を導いていたのである（文献 2）．

　これらの論文が発表された当時，有力とされていた宇宙モデルは，アインシュタイン解とド・ジッター解だった．アイ

ンシュタイン解（文献 3）は，第 II 章の論文で導かれた時間変
化しない静的宇宙モデルであり，その計量は R をその曲率
半径として

$$ds^2 = -dt^2 + \frac{R^2 dr^2}{R^2 - r^2} + r^2(d\theta^2 + \sin^2\theta d\varphi^2) \qquad (1)$$

で与えられる．アインシュタイン解では，正の宇宙定数 λ
と宇宙を一様に満たす圧力のない物質の密度 ρ が，曲率半
径 R_E と

$$\lambda = 4\pi G\rho = \frac{1}{R_E^2} \qquad (2)$$

という関係を満たしている必要がある．この関係が少しでも
破れてしまうと，宇宙は静的（$R = R_E$）ではなく時間変化し
てしまう（$R(t) \neq R_E$）．また，アインシュタイン解の体積は
有限であり，その全質量は

$$M = 2\pi^2 \rho R_E^3 = \frac{\pi}{2G}\frac{1}{\sqrt{\lambda}} \qquad (3)$$

となる．

　これに対してド・ジッター解（文献 4）は，物質が存在せず
宇宙定数だけをもつ宇宙モデルで，その計量は

$$ds^2 = -(1 - \lambda r^2/3)dt^2 + \frac{dr^2}{1 - \lambda r^2/3}$$
$$+ r^2(d\theta^2 + \sin^2\theta d\varphi^2) \qquad (4)$$

で与えられる．（4）式からは，原点（$r=0$）と他の場所では時

間の進み方が異なっているように見える．その結果，原点から遠く離れた場所からの原子の特性線は赤方偏移し，「われわれに対して後退していると間違って解釈される」可能性が指摘されていた．

　さらに，原点から $r = \sqrt{3/\lambda}$ より遠く離れた場所は (4) 式の計量では記述できない．これはいわば原点から見た宇宙の地平線に対応する．ド・ジッター解での測地線方程式を書き下せば，原点近くの粒子が動径方向に

$$\frac{d^2 r}{ds^2} = \frac{1}{3}\lambda r \tag{5}$$

の加速度を受けることが導かれる．その結果，原点付近の粒子はやがて地平線の外側に追いやられ，地平線内部には物質がなくなることが期待される．これはド・ジッター散乱と呼ばれ，その結果として生まれる漸近的な状況に対応するのがド・ジッター解だと解釈されていた．

　ただしこれらは座標系の選び方に起因する見かけ上の性質に過ぎず，ド・ジッター解は静的モデルではなく時間変化する宇宙モデルと解釈すべきなのである．しかしながら，当時は，アインシュタイン解と同じくこのド・ジッター解をも静的宇宙モデルとみなした上で，どちらがよりうまく観測を説明できるかという議論が行われていた．

　例えば，アーサー・エディントンは 1923 年の教科書 (文献 5) の，§67-§71 で，これら 2 つの解を導き，上で述べたようなそれらの性質を詳しく論じている．さらに興味深い

ことに，その 162 ページには，41 個の渦巻星雲の後退速度
が表としてまとめられており，これらの観測値は自分がお
願いした結果，アメリカの天文学者ヴェスト・スライファー
が提供してくれたものであると明記されている．彼はその上
で，遠方星雲がわれわれから遠ざかっているという観測事実
は，アインシュタイン解よりもド・ジッター解を支持するも
のであるとまで述べている．

2 ハッブルの法則とハッブル定数

　ハッブルの法則は，遠方銀河の後退速度 v とわれわれか
らその銀河までの距離 r との比例関係

$$v = H_0 r \tag{6}$$

という極めて単純な式で表現される．ハッブルの原論文で
K とされた比例係数は，今ではハッブルのイニシャルにち
なんで H という記号で表現され[‡]，ハッブル定数と呼ばれて
いる．

　ハッブルの 1929 年の論文（文献 1）の図 1（本書の 162 ペー
ジ）の直線の傾きが，(6)式のハッブル定数であり，速度÷距
離，すなわち時間の逆数の次元をもつ．宇宙論では天体まで
の距離をメガパーセク（Mpc $\approx 3.1 \times 10^{19}$ km）という単位で
表すことが多いため，慣習として H_0 は km/s/Mpc という

[‡] 宇宙論では，下添字 0 を物理量の現在の値を示すために用いること
　　が多い．

単位をとる．仮に，天体の速度が時間変化しないと近似すれば，r/v だけ過去ではその天体はわれわれと同じ場所にあったことになる．(6)式は，この r/v の値が天体には依存せず必ず $1/H_0$ となることを示すので，その瞬間が宇宙の始まり，したがって $1/H_0$ は，大まかに現在の宇宙年齢を与えるものと予想される．

　現在の観測データからの推定値は $H_0 \approx 70 \text{ km/s/Mpc}$ である．その逆数を計算すると

$$H_0^{-1} \approx \frac{1}{70 \text{ km/s/Mpc}} \approx 140 \text{ 億年} \qquad (7)$$

となり，これは現在推定されている宇宙年齢に近い．これに対して，ハッブルの原論文の値（$K \approx 500 \text{ km/s/Mpc}$ となっている）は，現在の推定値とは 7 倍もの違いがある．そのため，$1/K \approx 20$ 億年となるが，当時，放射性同位元素による年代測定法から推定された地球の年齢は 16〜30 億年（現在の推定値は 46 億年）であり（文献 6），ハッブルの推定した宇宙年齢と良い一致を示すと思われていたようだ．

　この矛盾には主として 2 つの原因があった．一つは，銀河までの距離を推定する際に較正源として用いたセファイド変光星に異なる 2 つのタイプが存在するという事実が知られていなかったことである．1944 年にウォルター・バーデが銀河の距離指標を与えるセファイド変光星には 2 つの種族が存在することを発見した（文献 7）．その 2 つを混同していたため，較正源となったセファイド変光星までの距離を間

違ったのである．もう一つは，ハッブルが明るい星だと思っていたものが実は電離水素雲であったなど，「もっとも明るい恒星」に関する種々の誤解が明らかにされた．その結果，1950年代半ばにはハッブル定数はハッブルの最初の推定値の約5分の1になった．

3　ルメートルの論文の英訳版にまつわる謎

すでに述べたように，ハッブルが1929年の論文で用いた銀河の後退速度は，彼が観測して得た値ではなく，スライファーによるものである．しかしハッブルはその論文で，エディントンの教科書もスライファーの論文（文献8）も引用していない．ただし，太陽系の運動の効果を補正する際に「ストロムバーグ氏にチェックしてもらった」との記述はある．

これに対して，ルメートルは1927年の論文で，1925年のストロムバーグの論文（文献9）を適切に引用している．さらにこのストロムバーグの論文では「スライファー教授の厚意でデータを提供していただいた」と明記された上で，天体ごとの速度の値が「スライファー」と「それ以外」の二つの列からなる表にまとめられている．つまりハッブルもルメートルも，基本的には同じスライファーの観測結果を後退速度として使っていたのだ．

一方，162ページの図1の横軸に対応する天体までの距離の測定は格段に困難である．二人とも，基本的には遠方の天体の絶対的な明るさを仮定して，遠い天体ほど見かけ上暗く

見えることを利用して距離を推定した．したがって，ルメートルが 1927 年の論文で得た距離–速度関係が，1929 年のハッブルの論文の結果と同じであったことは当然なのである．

　ルメートルの 1927 年の論文は，上述のアインシュタイン解とド・ジッター解を含むより一般的な膨張宇宙モデル解を導出する理論的研究であったことを強調しておきたい．彼はすでに 1926 年に，ド・ジッター解によれば光の波長が発せられる天体の距離に比例して伸びるとの理論的結果を得ていた．その意味では，彼はフリードマンの結果とは独立に，時間変化する宇宙モデルを導き，その検証のためにスライファーの観測データから「ハッブルの法則」を発見していたと言うこともできる．

　これに対して，ハッブルは長い間，自ら得た距離–速度関係式が宇宙が膨張していることを示すものであるとは認めていなかった（文献 10）．このことからも，宇宙膨張の発見者がハッブルであるという広く流布していた解釈が必ずしも正しいとはいえないことがわかる．

　さてこれらの事実が，一部の科学史家以外の一般の天文学者の間で広く知られるようになったのは 2011 年以降である（例えば文献 11）．しかもさらに奇妙なことがある．ルメートルの論文はその重要性が認められ，1931 年にその英訳版が英国王立天文学会月報に出版されている（文献 12）．にもかかわらず，その「英訳版」には，フランス語の原論文中の本文 27 行分，方程式 24 番の一部，脚注 11 行分がごっそり

と欠落しているのである．しかもそれらはいずれも，「ハッブル定数」の値を具体的に計算している部分ばかりなのだ．フランス語版を読めば，ルメートルがハッブルの2年前にハッブルとほぼ同じ結果を得ていたことが，その導出過程も含めて明らかであるが，英訳版ではそれがほとんどわからない．

　なぜこのような変更がなされたのだろう．単なる「ミス」ではなく，その背後に何らかの意図が働いた「削除」なのではなかろうか．もはや英国王立天文学会誌編集部には当時の記録は残っていないらしい．というわけで，科学史研究者，さらには，にわか歴史家となった天文学者たちによって，さまざまな説が提案された．有力だったのは，宇宙膨張発見の栄誉を自分のものにしたいと考えたハッブルが圧力をかけたとする説と，ハッブルを怒らせることを恐れた英国王立天文学会月報編集部が忖度したとする説の二つ．いずれの場合も，ハッブルは，すべてを自分の業績にしないと気が済まず独占欲が強い卑怯で傲慢な人物に仕立て上げられている．その一方で，ルメートルはベルギーのルーヴェンカトリック大学の教授であると同時にカトリック神父であったという事実もあいまって，世俗的な名誉などにはまったく関心のない謙虚で純粋な学者だとされたのである．

4　真相

　この無責任な犯人さがしの真相は，アメリカの天文学者

マリオ・リビオによって突き止められた(文献 13, 14, 15).
彼は，王立天文学会月報編集長がルメートルに宛てた 1927
年 2 月 17 日付の手紙を発見した．そこでは，ルメートルの
論文の重要性を認識した編集長が，英訳版掲載の可能性を
打診し，さらにはハッブルの法則に関する部分の削除を求
めるどころか，逆にその後の新たな進展の追加を歓迎する
旨すら書かれていた．さらにリビオは，実際に英訳をした人
間を捜すべく，ロンドンの王立天文学会図書館に現存する
数百枚の 1931 年の評議会議事録と書簡に目を通す．そして
とうとう，3 月 9 日付のルメートルから編集長宛の返信を発
見した．そこには，英訳したのも，また問題となった部分を
削除したのもルメートル本人の意向だったことが明記され
ていた．ただし削除の理由は「いまや意義がないから(of no
actual interest)」と記されていただけだった．

　しかし，これではまだスッキリしない．果たしてその「動
機」はなんだったのか．リビオは，ルメートルは天体までの
距離の推定値の信頼度が低いことを十分認識していたため，
英訳時に上述の通り「その箇所はいまやあまり重要ではない
ので再掲載しないことに決めました」と書いたのではないか
と推理している．さらにその後，ルメートル自身が「確かに
自分は宇宙膨張率を推定したが，それはハッブルの法則を確
立する上ではほとんど貢献せず，単に係数を計算したに過ぎ
ない」と書いていることも明らかとなった．

　このようにルメートルは，過去に遡って自分の先取権を主

張することは避けたものの，上述の編集長宛の返信の最後には，新たに宇宙膨張の方程式を導いたのでそれを別論文として英国王立天文学会月報に出版したいこと，さらにその学会員となるためにエディントン教授と編集長に推薦してほしいこと，を要望している．この二つはいずれも実現し，ルメートルは1939年5月12日に正式に準会員に選ばれている．

　結論として，ルメートルはハッブル以前に「ハッブルの法則」を発見していたことは間違いないが，世俗的な名誉などにはまったく関心がなかったかどうかまでは不明である．

　3年おきに開かれる国際天文学連合（International Astronomical Union，以降，IAU）の総会が，2018年8月20日から31日までオーストリアのウィーンで開催された．そこで「ハッブルの法則」を「ハッブル・ルメートルの法則」と呼ぶことを推奨するという提案がなされ，大きな話題となった．これはIAU執行部から提案されたもので，会期中の議論を経て，10月4日付でIAU全会員に宛てて電子投票の依頼が届いた．締切は10月26日で，29日に発表された結果は，賛成78％，反対20％，留保2％（投票権をもつ会員数は11072人で，その37％にあたる4060人が投票した）で，可決された．つまり，今後は「ハッブル・ルメートルの法則」がIAU推奨の呼び方となる．個人的には予想以上の高い投票率であり，会員の関心の高さがうかがえた．

　IAUが行った決議のうち，世間の話題をさらった例がもう一つある．2006年チェコのプラハで開催されたIAU総会

において，冥王星が「惑星」から「準惑星」に降格されたのである．これは太陽系内で数多くの小天体が発見されるにつれ，冥王星がもはやそれらに比べて惑星として区別するだけの積極的な理由がなくなったからだった．冥王星は1930年にクライド・トンボーによって発見されたが，それを率いたのは当時のローウェル天文台所長スライファーであった．つまり，この二つの決議のいずれにも，スライファーが深く関わっている．実際2018年の決議に際して，ハッブルとルメートルの両者が用いた本質的な速度データを提供したスライファーの功績も同様に評価すべきではないか，といった意見も寄せられたようだ．

*1 E. Hubble, "A Relation between Distance and Radial Velocity among Extra-Galactic Nebulae", *Proceedings of the National Academy of Sciences of the United States of America*, **15** (1929), 168.

*2 G. Lemaître, "Un Univers homogène de masse constante et de rayon croissant rendant compte de la vitesse radiale des nébuleuses extra-galactiques", *Annales de la Société Scientifique de Bruxelles*, **A47** (1927), 49. このフランス語原論文の英訳と解説が，次の論文にある．Jean-Pierre Luminet, "Editorial note to: Georges Lemaître, A homogeneous universe of constant mass and increasing radius accounting for the radial velocity of extra-galactic nebulae", *General Relativity and Gravitation*, **45** (2013), 1619.

130

*3　A. Einstein: Kosmologische Betrachtungen zur allge-
meinen Relativitätstheorie, *Sitzungsberichte der
Königlich Preußischen Akademie der Wissenschaften*
(Berlin), Seite pp. 142–152 (1917).

*4　W. de Sitter, "On Einstein's Theory of Gravitation
and its Astronomical Consequences", First paper, *MN-
RAS*, **76** (1916), 699; Second paper, *MNRAS*, **77** (1916),
155; Third paper, *MNRAS*, **78** (1917), 3.

*5　A. Eddington, "The Mathematical Theory of Relativ-
ity" (Cambdridge University Press, 1923)

*6　A. Holmes, "The association of lead with uranium in
rock-minerals and its application to the measurement of
geological time", *Proceedings of the Royal Society*, **A85**
(1911), 248.

*7　W. Baade, "The resolution of Messier 32, NGC 205,
and the central region of the Andromeda nebula", *As-
trophys. J.*, **100** (1944), 137.

*8　V. M. Slipher, "Nebulae", *Proceedings of the Ameri-
can Philosophical Society*, **56** (1917), 403.

*9　G. Strömberg, "Analysis of radial velocities of globular
clusters and non-galactic nebulae", *Astrophys. J.*, **61**
(1925), 353.

*10　Marcia Bartusiak, "The Day We Found the Universe"
(Pantheon Books, 2009). 邦訳は, 長沢工・永山淳子訳
『膨張宇宙の発見　ハッブルの影に消えた天文学者たち』(地
人書館, 2011)

*11　S. van den Bergh, "The Curious Case of Lemaître's
Equation No. 24", *Journal of the Royal Astronomical
Society of Canada*, **105** (2011), 151 [arXiv:1106.1195]

*12　G. Lemaître, "Expansion of the universe, A homogeneous universe of constant mass and increasing radius accounting for the radial velocity of extra-galactic nebulae", *MNRAS*, **91**（1931）, 483.

*13　M. Livio, "Mystery of the missing text solved", *Nature*, **479**（2011）, 171.

*14　M. Livio, "Brilliant Blunders"（Simon & Schuster, Inc., 2013）. 邦訳は，千葉敏生訳『偉大なる失敗　天才科学者たちはどう間違えたか』（早川書房，2015）

*15　須藤靖 "ハッブルかルメートルか：宇宙膨張発見史をめぐる謎"，日本物理学会誌，**67**（2012），311.

銀河系外星雲の動径速度を説明する
定質量の膨張一様宇宙

ジョルジュ・ルメートル(須藤靖訳)

§1   総論

　一般相対論は一様宇宙の存在を予言する．そこでは，物質分布が一定であるのみならず空間のすべての場所が同等であり，重力的な中心は存在しない．空間の曲率半径 R は一定で，空間は一様な正曲率 $1/R^2$ をもつ．ある点から出発する直線は πR だけの経路長を経て同じ点に戻る．この曲がった空間の全体積は有限で $\pi^2 R^3$ に等しい[†1]．直線は境界に達することなく全空間を巡る閉曲線となる[*1]．

　これまでに2つの解が提案されている．ド・ジッター解は，物質の存在を無視しており，物質密度はゼロである．後述するように，その解釈にはある種の困難が伴う．しかし興味深いことに，重力場がもつ性質の単純な帰結として，遠方の系外星雲がわれわれに対して大きな速度で遠ざかっている事実を説明する．つまり，われわれが宇宙で特別な条件を満

たす場所にいると仮定しなくてもよいのだ.

　もう一つがアインシュタイン解である. アインシュタイン解は, 物質密度がゼロでないという当然の事実を考慮しており, 物質密度と宇宙の半径の間に成り立つ式を導く. その関係式は, 当時の観測事実から理論的に推定されていた総量をはるかに上回るほど大量の質量が宇宙に存在することを予言した. その後, 銀河系外星雲の距離と大きさが確立されるにつれ, そのような質量が存在することが実際に発見されてきた. 最近のデータによれば, アインシュタイン解から計算される宇宙の半径は, 現在の望遠鏡で撮像観測できる最遠方天体までの距離の数百倍以上である*2.

　上述の2つの解にはそれぞれ利点がある. ド・ジッター解は星雲の動径速度†2の観測的振る舞いをうまく説明する. 他方, アインシュタイン解は物質の存在を適切に考慮しており, 宇宙の半径とその質量の間に満足すべき関係式を与える. これら両者の利点をともに備えた中間的な解を得ることは望ましいであろう.

　一見すると, そのような解は存在しないように思える. 物質が一様に分布し, かつ内部圧力やストレスがない場合には, 球対称静的重力場は, アインシュタイン解とド・ジッター解以外の解をもたない. ド・ジッター宇宙は真空であるのに対して, アインシュタイン宇宙は可能な限り大量の物質をもつ, と表現することもできる. 一般相対論がその極端な2つの解のちょうど中間の解を許さないとすれば驚きである.

　それが奇妙であることは，ド・ジッター解が問題のすべての必要条件を満たしてはいない[*3] ことからも明らかである．空間は一様で，正の曲率をもつ．時空間もまた一様であり，宇宙のあらゆる点は完全に同等である．しかし，時空間を時間と空間に分けてしまうと，もはやそれらの一様性は保たれない．ある座標系を選ぶと実際には存在しない中心が生まれてしまう．空間の中心に静止する点は宇宙の測地線を描くが，それ以外の場所に静止している点は測地線とはならない．このように座標系の選択はもともと成り立っている空間の一様性を破り，その中心に対するいわゆる "地平線" の存在という物理的に奇妙な結果を生み出してしまう[†3]．一方で，宇宙の一様性を保つように時間と空間を分ける座標系を導入した場合には，重力場は静的ではなくなり，アインシュタイン解と同じ形の計量を得る．しかしその場合，空間の半径はもはや一定ではなくなり，ある特定の法則に従って時間変化する[*4]．

　アインシュタイン解とド・ジッター解の利点を同時にもつ解を探すためには，空間（すなわち宇宙）の半径がより一般に時間変化するアインシュタイン宇宙を調べる必要がある．

§2　半径が変化するアインシュタイン宇宙．
重力場の方程式．エネルギー保存

　アインシュタイン解と同じく，宇宙を銀河系外星雲が分子であるような希薄気体とみなすことにする．宇宙全体に比べ

て小さい体積であろうと星雲は数多く存在するので，物質密度を用いて記述できるものと仮定する．また局所的なゆらぎの影響は無視する．さらに，星雲の分布は一様で，その密度は場所によらないものとする．

宇宙の半径が変化すれば，宇宙の密度も，空間的には一様なまま時間変化する．さらに物質は一般には応力を受けるが，空間の一様性のためにその応力は場所に関係なく時間だけに依存する単純な圧力に帰着する．圧力は分子の力学的エネルギーの3分の2に等しく，物質の束縛エネルギーに比べると無視できる．これは，星雲あるいはその中の星々のもつ内部圧力についても同様である．したがって $p=0$ とおいて良い．ただし，空間を満たす電磁波エネルギーによる輻射圧を考慮する必要があるかもしれない．そのエネルギーはとても微弱ではあるが，全空間を満たしているので，平均エネルギーには重要な寄与をするかもしれない．したがって，一般的な方程式においては圧力項 p を残しておき，光の平均輻射圧だと解釈することにするが，天文学的現象への応用を考える際には $p=0$ とおく．

全エネルギー密度を ρ とおく．輻射のエネルギー密度は $3p$ なので，物質の内部エネルギー密度は $\delta=\rho-3p$ である．

ρ と $-p$ はそれぞれ，物質のエネルギー運動量テンソルの成分の T_4^4，および $T_1^1=T_2^2=T_3^3$ に，また δ はそのトレース T に対応する．以下の宇宙の線素に対して，縮約されたリーマン・テンソル[†4] の成分を計算しよう．

$$ds^2 = -R^2 d\sigma^2 + dt^2 \tag{1}$$

ここで $d\sigma$ は単位球に対する空間線素で，空間の半径 R は時間の関数である．重力場の方程式は次のように書かれる．

$$3\frac{R'^2}{R^2} + \frac{3}{R^2} = \lambda + \kappa\rho \tag{2}$$

$$2\frac{R''}{R} + \frac{R'^2}{R^2} + \frac{1}{R^2} = \lambda - \kappa p \tag{3}$$

ダッシュは時間に関する微分を表す．λ は宇宙定数で，その値は未知である．κ はアインシュタイン定数で[†5]，c.g.s. 単位系では $1{,}87 \times 10^{-27}$ となる（自然単位系では 8π）[†6].

今の場合，運動量とエネルギーの保存に対応する 4 つの恒等式は，エネルギー保存を表す以下の一つの方程式に帰着する．

$$\frac{d\rho}{dt} + \frac{3R'}{R}(\rho + p) = 0 \tag{4}$$

(3)式の代わりに(4)式を用いてもよい．(4)式は興味深い解釈が可能である．空間体積 $V = \pi^2 R^3$ を用いると，(4)式を

$$d(V\rho) + p\,dV = 0 \tag{5}$$

と書き直すことができる．この式は，全エネルギーの変化分と輻射圧から受ける仕事の和が 0 であることを表している．

§3 宇宙の全質量が一定の場合

全質量 $M = V\delta$ が一定となる解を探してみよう．この場合，α を定数として

$$\kappa\delta = \frac{\alpha}{R^3} \qquad (6)$$

とおくことができる．異なるエネルギー密度の間には，

$$\rho = \delta + 3p$$

という関係が成り立つので，エネルギー保存則は次のように書ける．

$$3d(pR^3) + 3pR^2 dR = 0 \qquad (7)$$

この式は簡単に積分でき，β を積分定数として

$$\kappa p = \frac{\beta}{R^4} \qquad (8)$$

となる．結局

$$\kappa\rho = \frac{\alpha}{R^3} + \frac{3\beta}{R^4} \qquad (9)$$

を得る．この結果を(2)式に代入すれば

$$\frac{R'^2}{R^2} = \frac{\lambda}{3} - \frac{1}{R^2} + \frac{\kappa\rho}{3} = \frac{\lambda}{3} - \frac{1}{R^2} + \frac{\alpha}{3R^3} + \frac{\beta}{R^4}$$

$$(10)$$

となるから，積分して

$$t = \int \frac{dR}{\sqrt{\dfrac{\lambda R^2}{3} - 1 + \dfrac{\alpha}{3R} + \dfrac{\beta}{R^2}}} \qquad (11)$$

を得る.

　特に $\alpha = \beta = 0$ の場合，(11)式はド・ジッター解[*5]：

$$R = \sqrt{\frac{3}{\lambda}} \cosh \sqrt{\frac{\lambda}{3}} (t - t_0) \qquad (12)$$

に帰着する.

　一方，$\beta = 0$ かつ R が一定の場合には，アインシュタイン解が得られる. (2)式と(3)式において $R' = R'' = 0$ とすれば，

$$\frac{1}{R^2} = \lambda \qquad \frac{3}{R^2} = \lambda + \kappa\rho \qquad \rho = \delta$$

となるから，

$$R = \frac{1}{\sqrt{\lambda}} \qquad \kappa\delta = \frac{2}{R^2} \qquad (13)$$

を得る. したがって，(6)式より

$$\alpha = \kappa\delta R^3 = \frac{2}{\sqrt{\lambda}} \qquad (14)$$

となる.

　ただし，(14)式だけからアインシュタイン解が導けるわけではなく，さらに R' の初期値が 0 でなければならない. 実際，簡単化のために

$$\lambda = \frac{1}{R_0^2} \qquad (15)$$

と書き，(11)式で $\beta = 0$ かつ $\alpha = 2R_0$ とすれば，

$$t = R_0\sqrt{3} \int \frac{dR}{R - R_0} \sqrt{\frac{R}{R + 2R_0}} \qquad (16)$$

を得る．この解の場合，(13)の2つの式はもはや成り立たない．もしも，

$$\kappa\delta = \frac{2}{R_{\mathrm{E}}^2} \qquad (17)$$

と書き直せば，(14)式と(15)式より

$$R^3 = R_{\mathrm{E}}^2 R_0 \qquad (18)$$

となる．

R_E はアインシュタイン解に対応する(17)式を用いて平均密度から計算される宇宙の半径であり，ハッブルによってその値は

$$R_{\mathrm{E}} = 8,5 \times 10^{28}\mathrm{cm.} = 2,7 \times 10^{10}\mathrm{parsecs} \qquad (19)$$

と推定されている[†7]．

後述のように R_0 の値は星雲の動径速度から導くことができるから，(18)式を用いれば R が計算できる．(14)式と著しく異なる関係式をもつ解は，容認できない結果をもたらすことを後で示す．

§4　宇宙の半径の変化によるドップラー効果

宇宙の線素である(1)式より，光線の方程式は

$$\sigma_2 - \sigma_1 = \int_{t_1}^{t_2} \frac{dt}{R} \tag{20}$$

となる．ここで，σ_1 と σ_2 は空間における位置を特徴づける座標の値である．σ_1 を光源の位置，σ_2 を観測者の位置としよう．

σ_1 から時刻 t_1 よりもわずかだけ後の時刻 $t_1 + \delta t_1$ に発せられた光が σ_2 に到着する時刻を $t_2 + \delta t_2$ とする．時刻 t_1，t_2 に対応する R の値をそれぞれ R_1，R_2 とすれば，次式が成り立つ．

$$\frac{\delta t_2}{R_2} - \frac{\delta t_1}{R_1} = 0, \qquad \frac{\delta t_2}{\delta t_1} - 1 = \frac{R_2}{R_1} - 1 \tag{21}$$

仮に δt_1 を発せられた光の周期だとすれば，δt_2 は観測された光の周期となる．δt_1 は，その光が観測者の近傍で同じ条件のもとで発せられた場合の周期だとも考えられる．実際，同じ物理的条件のもとで発せられる光の周期は固有時間で表現すればあらゆる場所で同じはずだ．したがって，

$$\frac{v}{c} = \frac{\delta t_2}{\delta t_1} - 1 = \frac{R_2}{R_1} - 1 \tag{22}$$

は，宇宙の半径の変化にともなう見かけ上のドップラー効果に対応する．この式は，光を受け取った時刻での宇宙の半径

と光が発せられた時刻での宇宙の半径の比の，1からのずれ
に等しい．これと同じ効果を生み出すための観測者の速度が
v である．光源がわれわれから十分近い場合には，この式を
近似的に次のように書くことができる．

$$\frac{v}{c} = \frac{R_2 - R_1}{R_1} = \frac{dR}{R} = \frac{R'}{R}\,dt = \frac{R'}{R}\,r$$

ここで r はわれわれから光源までの距離である．結局，次
式が得られる．

$$\frac{R'}{R} = \frac{v}{cr} \tag{23}$$

銀河系外星雲 43 個の動径速度はストロムベルクによって
与えられている[*6].

それらの星雲に対する見かけの等級 m はハッブルの論
文に与えられている．ハッブルは銀河系外星雲の絶対等級
はほぼ等しい（$-15,2$ 等級で，星雲ごとの違いは ± 2 等級に
おさまる）ことを示しているので，それらまでの距離を導
くことができる．具体的には，その距離 r は，公式 $\log r =$
$0,2m+4,04$ で表される[†8].

43 個の星雲までの距離は，約 1 メガパーセク程度で，数
百キロパーセクから 3,3 メガパーセクの範囲に分布してい
る．ただし，絶対等級のばらつきに起因すると思われる不定
性はかなり大きい．絶対等級が $+2$ あるいは -2 等級違って
いると，計算された距離は，それぞれ実際の距離の 0,4 倍
あるいは 2,5 倍となる．さらに，予想される誤差は距離に

比例する．1 メガパーセクの距離にある星雲の場合，絶対等級の不定性に起因する誤差は，速度の分散に起因する誤差と同程度であろう．実際，光度の 1 等級の違いは 300 Km. に相当し，これは星雲に対する太陽の速度とほぼ同じである[9]．それぞれの観測値に $1/\sqrt{1+(r/1\,\text{メガパーセク})^2}$ の重みをつければ，系統誤差を避けることができるだろう[10]．

　ハッブルとストロムベルク[7]のリストにある 42 個の星雲を用いて，さらに，太陽の速度（$\alpha=315°$, $\delta=62°$ の方向に 300 Km.）を考慮すると，平均距離 0,95 メガパーセクである星雲の速度は 600 Km./sec，すなわち，625 Km./sec/Mpc である[8]．

　そこで，以下の値を採用しよう[11]．

$$\frac{R'}{R} = \frac{v}{rc} = \frac{625 \times 10^5}{10^6 \times 3,08 \times 10^{18} \times 3 \times 10^{10}}$$
$$= 0,68 \times 10^{-27}\ \text{cm}^{-1} \tag{24}$$

この関係式から R_0 を計算できる．まず (16) 式より

$$\frac{R'}{R} = \frac{1}{R_0\sqrt{3}}\sqrt{1-3y^2+2y^3} \tag{25}$$

ここで，

$$y = \frac{R_0}{R} \tag{26}$$

とおいた．

　他方，(18) 式と (26) 式から

$$R_0^2 = R_{\mathrm{E}}^2 y^3 \tag{27}$$

となるので，次式を得る．

$$3 \left(\frac{R'}{R} \right)^2 R_{\mathrm{E}}^2 = \frac{1 - 3y^2 + 2y^3}{y^3} \tag{28}$$

(24)式と(19)式の数値をそれぞれ R'/R と R_{E} に代入すると，

$$y = 0,0465$$

となる．したがって，

$$R = R_{\mathrm{E}}\sqrt{y} = 0,215 R_{\mathrm{E}} = 1,83 \times 10^{28} \mathrm{cm}.$$

$$= 6 \times 10^9 \mathrm{parsecs}$$

$$R_0 = Ry = R_{\mathrm{E}} y^{3/2} = 8,5 \times 10^{26} \mathrm{cm}.$$

$$= 2,7 \times 10^8 \mathrm{parsecs} = 9 \times 10^8 光年$$

$$x^2 = \frac{R}{R + 2R_0} \tag{29}$$

とおけば，(16)式は以下のように容易に積分できる．

$$t = R_0\sqrt{3} \int \frac{4x^2 dx}{(1 - x^2)(3x^2 - 1)}$$

$$= R_0\sqrt{3} \log \frac{1 + x}{1 - x} + R_0 \log \frac{\sqrt{3}\,x - 1}{\sqrt{3}\,x + 1} + C \tag{30}$$

光が時間 t に伝搬する宇宙の半径の割合を σ とすれば，

$\dfrac{R}{R_0}$	$\dfrac{t}{R_0}$	σ ラジアン	σ 度	$\dfrac{v}{c}$
1	$-\infty$	$-\infty$	$-\infty$	19
2	$-4,31$	$-0,889$	$-51°$	9
3	$-3,42$	$-0,521$	$-30°$	$5\frac{2}{3}$
4	$-2,86$	$-0,359$	$-21°$	4
5	$-2,45$	$-0,266$	$-15°$	3
10	$-1,21$	$-0,087$	$-5°$	1
15	$-0,50$	$-0,029$	$-1°7$	$\frac{1}{3}$
20	0	0	0	0
25	$0,39$	$0,017$	$1°$	
∞	$-\infty$	$0,087$	$5°$	

(20)式も同様にして積分できる.

$$\sigma = \int \frac{dt}{R} = \sqrt{3} \int \frac{2dx}{3x^2-1} = \log \frac{\sqrt{3}\,x-1}{\sqrt{3}\,x+1} + C' \tag{31}$$

σ と t を R/R_0 の関数としたときの値を以下の表〔上表〕に与えておく.

この表では, R/R_0 の値が 21,5 ではなく 20 のときに $\sigma=t=0$ となるように積分定数を選んである[†12]. 最終列は, (22)式に基づいて計算したドップラー効果の値に対応する. 近似公式(23)に従うと, v/c は r に, したがって σ に比例する. その式を採用したことによる誤差は $v/c=1$ の場合, わずか 0,005 に過ぎない. したがって, 光の波長が可視域

である限りその近似を採用してよい.

§5 方程式(14)の意味

定数 α と λ の間の関係式(14)は,アインシュタイン解にならって採用されたものである.この(14)式は,(11)式の被積分関数の分母の根号の中の表式が $R = R_0$ の重根をもつ条件となっており,積分結果は対数項となる.より一般に重根をもたない場合,被積分関数には平方根が残ったままになり,(12)式のド・ジッター解と同じく,R はある最小値をもつ.

その最小値は一般に R_0 と同じオーダーの時間,すなわち 10^9 年に対応する.これは星の進化の時間スケールから考えるとかなり最近である.したがって,その最小値をとる時刻を有限時刻ではなく $t = -\infty$ とするためには,定数 α と λ が(14)式に近い関係式を満たす必要がある[*9, †13].

§6 結論

われわれは,次の条件を満たす解を得た.

1. 宇宙の質量が時間変化せず,その値が次のアインシュタインの関係式を通じて宇宙定数の値と結びついている.

$$\sqrt{\lambda} = \frac{2\pi^2}{\kappa M} = \frac{1}{R_0}$$

2. 宇宙の半径が $t = -\infty$ での漸近的な値 R_0 から常に増大する.

3. 銀河系外星雲が遠ざかっているのは空間膨張に伴う宇宙論的効果である. R_0 の値は (24) 式と (25) 式から計算でき, その近似式は $R_0 = rc/(v\sqrt{3})$ で与えられる.

4. 宇宙の半径は, 空間密度から導かれるアインシュタイン解の半径 R_{E} とほぼ同程度の値であり, 次式で与えられる.

$$R = R_{\mathrm{E}}\sqrt[3]{\frac{R_0}{R_{\mathrm{E}}}} = \frac{1}{5}R_{\mathrm{E}}$$

ここで得られた解は, アインシュタイン解とド・ジッター解の利点を兼ね備えている.

宇宙の最も遠い部分は, 永遠にわれわれが観測できない領域であることを注意しておく. ハッブルによれば, ウィルソン山大望遠鏡は 50 メガパーセクまで観測できる, すなわち $R/120$ である. それに対応するドップラー効果による後退速度はすでに 3000 Km/sec に達する. 0,087R の距離となると, v/c の値は 1 となり, すべての可視光線は近赤外線に偏移する. 仮に星間吸収が全く存在しないとしても, 何桁も赤方偏移して赤外線域になるため, 遠方の星雲や星の像を観測することは不可能である.

宇宙が膨張する原因は今後解明すべき問題である. われわれは, 宇宙膨張の際に輻射圧が仕事をすることを示した. この事実は, 膨張が輻射圧によって生み出されることを示唆す

るように思える．静的宇宙では，物質から放射された光は閉じた空間を伝搬し，再び出発点に戻るため，際限なく蓄積する．これこそが，アインシュタインが0だと仮定したものの，われわれの解釈によれば銀河系外星雲の動径速度として観測されている膨張速度 R'/R の起源だと考えるべきであろう．

原　注

*1 （原論文 p. 49 の脚注1）ここでは単連結の正定曲率の閉じた空間を考えており，したがって対蹠点はない．

*2 （原論文 p. 50 の脚注1）Hubble, E. Extra-galactic nebulae, *Ap. J.*, vol. 64, p. 321, 1926. Mt. Wilson Contr. No. 324 を参照．

*3 （原論文 p. 50 の脚注2）K. Lanczos. Bemerkung zur de Sitterschen Welt. *Phys. Zeitschr.*, vol. 23, p. 539, 1922, および H. Weyl. Zur allgemeinen Relativitätstheorie, Id, vol. 24, p. 230, 1923 を参照．ここでは Lanczos の見解に従う．星雲の世界線は仮想的な中心と実際の軸超平面の束を形成する．その軸超平面から等距離にある超球によって，これらの世界線群に直交する空間が形成される．これは楕円空間であり，その半径は時間変化し，軸超平面に対応する時刻で最小となる．ワイルの仮説によれば，過去においてそれらの世界線は平行である．空間を表す直交超平面はホロ球面であり，その幾何学はユークリッド的である．星雲同士の空間距離は，それらが従っている平行な測地線が $e^{t/R}$ に比例して遠ざかるにつれて増加する．ここで t は固有時間で R は宇宙の半径である．r を観測した時刻での光

源までの距離としたとき，ドップラー効果は r/R に等しい．G. Lemaître. Note on de Sitter's universe. *Journal of mathematics and physics*, vol. 4, no. 3, May 1925，あるいは *Publications du Laboratorire d'Astronomie et de Géodésie de l'Université de Louvain*, vol. 2, p. 37, 1925. を参照せよ．ド・ジッター解において時間座標と空間座標をいかに割当てるかに関する議論は，P. Du Val: Geometrical note on de Sitter's world. *Phil. Mag.* (6)，vol. 47, p. 930, 1924. を参照のこと．空間は，導入された中心が描く時間的世界線に直交する超平面からなり，星雲の軌跡はこれらの超平面に直交している．それらは一般には測地線ではなく，中心に対する地平線に近づくにつれてその距離はヌルとなる，すなわち，絶対系に対する中心軸の極超平面となる[14].

*4　（原論文 p. 51 の脚注 1）空間 1 次元，時間 1 次元の 2 次元時空の場合に限れば，ド・ジッターが用いた空間と時間の座標の選び方は球面で表現できる．空間的世界線は同じ半径をもつ大円の集まりによって構成され，時間的世界線は空間的世界線に直交する平行線からなる．それらの平行線の一つは大円，したがって測地線であり，空間の中心を通る時間的世界線に対応する．その大円に対する極は，中心からみた地平線に対応する特異点である．この表現は 4 次元の場合にも自然に拡張されるが，時間座標を虚数に選ぶ必要がある．しかし，そのような座標系の選択によって一様性を失ってしまうことは同様である．時間的世界線を子午線に，空間的世界線をそれらと直交する平行線に対応させるような座標系を選べば，一様性を保つことができるが，その場合には，空間の半径が時間変化することになる．

*5　（原論文 p. 53 の脚注 1）前出の Lanczos 参照．

*6 （原論文 p. 55 の脚注 1）Analysis of radial velocities of globular clusters and non galactic nebula. *Ap. J.* Vol. 61, p. 353, 1925. *Mt. Wilson Contr.* No. 292.

*7 （原論文 p. 56 の脚注 1）N. G. C. 5195 と相互作用している N. G. C. 5194 は考慮から外す．マゼラン星雲を含めた場合でも以下の結果は変わらない．

*8 （原論文 p. 56 の脚注 2）観測データに重みを付けなければ，1,16 メガパーセクごとに 670 Km./sec，すなわち，575 Km./sec/Mpc となる．過去にも v と r の間の関係式を探そうとした研究者がいたが，それらには極めて弱い相関しか見られなかった．個々の星雲までの距離決定の誤差は推定値そのものと同程度の大きさであり，星雲の速度の誤差も（あらゆる方向で）大きい（ストロムベルクによれば 300 Km./sec）．したがって相関が見られなかったという結果は，今回のドップラー効果に基づく相対論的解釈を否定も肯定もしない．観測の精度の低さを考慮すれば，せいぜい可能なのは，v が r に比例すると仮定し，v/r の比の値を決定する際の系統誤差を避ける努力をすることである．Lundmark: The determination of the curvature of space time in de Sitter's world. M. N., vol. 84, p. 747, 1924. および前出の Strömberg 参照．

*9 （原論文 p. 58 の脚注 1）この分母の根号の中の式のゼロ点が実数解をもたず虚数となるならば，R の値はゼロをとり得る．その場合，R はゼロから増加し，虚数解の絶対値の近傍ではその変化が遅くなる．(14)式と大きく異なる関係式の場合，その変化の減速はわずかとなるので，$R = 0$ から現在まで進化する時間スケールはやはり R_0 程度になるだろう[13]．

訳 注

†1 ド・ジッター時空の全空間の体積は $2\pi^2 R^3$ であるが,原点から観測可能な地平線内に限ればその体積は半分の $\pi^2 R^3$ となる.これが原注 1 の対蹠点がないことに対応する.

†2 観測者(今の場合は地球)と星雲を結ぶ視線方向に平行な星雲の速度成分を動径速度とよぶ.

†3 ド・ジッター解は,時間変化する一様等方な時空をもつ宇宙モデルに対応する.その空間部分が時間変化しない座標系を選ぶことも可能であるが,その場合には,シュヴァルツシルト解と同じく,中心(原点)のまわりに地平線をもつ計量となる.シュヴァルツシルト解の原点は質点が存在する特異点であり他の場所とは異なるのだが,ド・ジッター解ではすべての場所が同等であるので,これはその点を原点とした座標系の選択に伴う非物理的な性質でしかない.本論文では,ド・ジッター解が時間変化しない宇宙を表すものと解釈すればこのような矛盾があることを指摘している.

†4 リーマン・テンソル $R^{\alpha}{}_{\beta\gamma\delta}$ は,時空の曲率を表す量で,4 つの添字をもつ 4 階テンソルである.このリーマン・テンソルから $R_{\beta\delta} = \sum_{\alpha=1}^{4} R^{\alpha}{}_{\beta\alpha\delta}$ として定義された 2 階テンソルが,縮約されたリーマン・テンソルで,リッチ・テンソルとも呼ばれる.ただし,どの添字について和をとるか,またリーマン・テンソルの符号の選び方については,文献によって定義が異なる場合があるので,注意が必要である.

†5 ニュートンの万有引力定数 G と光速度 c を用いると $\kappa = 8\pi G/c^4$.

†6 この論文では,ピリオドではなくカンマを小数点として

用いるフランス式記法に従っている．今回の訳でもその記法を踏襲した．

†7　アインシュタイン解では，宇宙の曲率半径は宇宙の平均質量密度 δ と $R_E = 1/\sqrt{4\pi G \delta}$ の関係にある．これは数値的には

$$R_E \approx 8.5 \times 10^{28} \left(\frac{1.7 \times 10^{-31} \mathrm{g \cdot cm^{-3}}}{\delta} \right)^{1/2} \mathrm{cm}$$

を与える．

†8　絶対等級は 10 パーセクの距離においたときの天体の見かけの等級で，$\log_{10} r/(10 \text{パーセク}) = 0.2(m-M)$ である．この式に $M = -15.2$ を代入すれば，$\log_{10} r(\text{パーセク}) = 0.2m + 4.04$ となる．

†9　速度の単位は Km./sec とすべきであるが，この論文中ではそれを単に Km. と記していることが多い．

†10　書き方が曖昧でわかりにくいが，この部分は (23) 式の左辺，すなわち，ハッブル–ルメートル定数を観測的に推定する際の誤差を議論している．例として，1 メガパーセクの距離にある天体の光度の推定が 1 等級ずれていたとすれば，本文中の $\log(r/\text{パーセク}) = 0.2m + 4.04$ から，その距離は $10^{\pm 0.2} \approx (1.6)^{\pm 1}$ 倍，すなわち 0.6 メガパーセクあるいは 1.6 メガパーセクとなる．(24) 式の上の段落で，(23) 式の左辺の値を 625 Km./sec/Mpc と推定しているので，この 0.4 から 0.6 メガパーセクのずれは，約 300 Km./sec の速度のずれに対応する．これは天の川銀河内での太陽の速度と同程度なので，宇宙膨張以外の速度成分としてその程度の値の分散があることが予想される．

†11　英訳版では，(23) 式の後からここまでの部分，さらに原注 9 がすべて省略されており，いきなり (24) 式の 2 行目だ

けが (24) 式として登場している．このフランス語原論文を
読めば，省略された部分が，「ハッブル定数」の具体的な導
出過程とその誤差評価に対応することが明らかである．

†12　(26) 式で定義された $y = R_0/R$ の値は 0.0465 と推定さ
れているので，$R/R_0 = (0.0465)^{-1} = 21.5$ が現在の時刻 t
$= 0$ に対応するはずだが，その代わりに $R/R_0 = 20$ が $t =$
0 となるように選んだことを指す．

†13　§5 と原注 9 はわかりにくいため，詳しい説明を加えて
おく．本論文では，アインシュタイン解とド・ジッター解
の中間的な解を求めるために，宇宙定数 λ と質量密度 δ が
(14) 式

$$\delta = \frac{1}{4\pi G R^3 \sqrt{\lambda}} = \frac{R_0}{4\pi G R^3}$$

を満たす場合を考えている．アインシュタイン解は (14)
式の特別な場合で，δ が一定値 $R_0/(4\pi G R_E^3)$ をとる．こ
れに対して，(14) 式は一般に全質量 $M = 2\pi^2 \delta R^3 = \pi R_0/$
$(2G)$ は一定であるものの，δ が時間変化する場合に対応す
る．そのため R が時間変化する．

　このように (14) 式はアインシュタイン解の必要条件では
あるが，一般に成り立つ理由はない．そのために，(14) 式
の物理的な意味を説明する §5 を追加しているわけだ．§5
の記述と原注 10 は，静的なアインシュタイン解が摂動に
対して不安定であることを示している．これを理解するた
めに，(11) 式の分母の振る舞いを考えて説明しているのが
§5 である．しかしそれよりも，(3) 式と (10) 式に立ち返る
ほうがわかりやすい．そのために $\lambda = 1/R_0^2$，$\alpha = 2R_0(1 +$
$\varepsilon)$，$\beta = 0$ とおいてこの 2 つの式を書き直すと，

$$\frac{R'^2}{R^2} = \frac{(R-R_0)^2(R+2R_0)}{3R_0^2 R^3} + \frac{2R_0\varepsilon}{3R^3},$$

$$\frac{R''}{R} = \frac{R^3 - R_0^3(1+\varepsilon)}{3R_0^2 R^3}$$

となる（ここでは $|\varepsilon| \ll 1$ と仮定してよい）.

　これらの式より，$\varepsilon > 0$ であれば，R が 0 から増大する解は，いったん $R \approx R_0$ 付近で R' が小さくなるものの，$R > R_0(1+\epsilon)^{1/3}$ となると加速膨張に転じて急速に膨張することがわかる．一方，$\varepsilon < 0$ であれば，R が 0 から増大する解は，$R = R_0$ に達することができず，$R < R_0$ で収縮に転じてしまう．ε の絶対値が小さいほど $R \approx R_0$ となる時間が長くなり，その極限が静的宇宙であるアインシュタイン解に対応する．しかし，ε の絶対値が大きくなればその進化の時間，すなわち宇宙年齢は R_0 と同程度となる．以上を異なる表現で説明したのが，§5 と原注 9 である.

†14　現在では，ド・ジッター時空は時間変化する膨張宇宙を表現すると理解されているが，当時は時間変化しない時空だと解釈されていた．原注 3 は，当時の解釈に従ってド・ジッター時空の幾何学的な性質を説明したものであるが，この記述だけでは理解困難だといわざるをえない．事実，ルメートル自身の英訳版においては，原注 3 はハッブルの法則に関する箇所ではないにもかかわらず完全に削除されている．原注 4 の最後にあるように，空間の一様性を保つような座標系を考えれば，ド・ジッター時空の半径は時間変化することになるが，それこそが現代的な解釈である．したがって，原注 3 を無視しても，この論文の内容を理解するうえでまったく支障はない．この理由により，原注 3 については忠実な逐語訳を載せるにとどめておく.

銀河系外星雲の距離と動径速度の間の関係

エドウィン・ハッブル（須藤靖訳）

　銀河系外星雲[†1] に対する太陽の運動を決定するためには，それぞれの星雲ごとに異なる数百キロメートル程度の値をもつ K 項[†2] を導入する必要がある．見かけ上の動径速度と距離の間の相関がこの謎を説明するのではないかと考えられてきたが，これまで説得力のある結果は得られていない．本論文では，比較的信頼性が高い距離推定がなされている星雲だけを用いて，この問題を再検討する．

　銀河系外星雲までの距離は，最終的には，それに属する星々のなかでスペクトル型がわかるものの絶対光度[†3] を推定することで決定される．特に，星雲中のセファイド型変光星，新星，青い星，が用いられている．距離の正確な値は，主としてセファイド型変光星[†4] の周期–光度関係のゼロ点で決まり，それ以外の推定法はその値を独立に検証するために用いられるだけである．しかしセファイド型変光星が使えるのは，現在の望遠鏡で空間分解できる数個の星雲だけに限ら

れる．これらの星雲に加えて，セファイド型変光星でなくて
も何らかの星が空間分解できる星雲を組み合わせて調べた結
果，少なくとも晩期型渦巻星雲と不規則星雲に対しては，星
の絶対等級の上限値はほぼ一定で，M（写真等級[†5]）＝-6.3
程度のようだ[*1]．したがって，不定性があり注意して用いる
必要があるものの，星雲のなかのもっとも明るい星の見かけ
の光度から，数個程度の星が検出できるすべての銀河系外星
雲に対して，それらの距離の推定が可能となる．

　最終的に，星雲自体の絶対等級は，平均値 M（実視等級）
＝-15.2 付近の 4〜5 等級の範囲内におさまっているよう
だ[*1]．この統計的な平均値は，個々の星雲までの距離を推
定する場合にはあまり有用ではない．しかし，星雲の集団の
ように多数の星雲がある場合には，それらの星雲の見かけの
等級の平均値を用いることで，その集団内の星雲の平均的距
離が高い信頼度で推定可能となる．

　現時点で動径速度が得られている銀河系外星雲は 46 個だ
が，そのなかで距離が知られている星雲はわずか 24 個しか
ない．それ以外にも N. G. C. 3521 は，距離が推定できると
思われるが，ウィルソン山天文台には撮像写真がない．表 1
はそれら 24 天体に対するデータである．最初の 7 天体の距
離は，それらに属する多数の星を利用した詳細な解析に基
づいており，もっとも信頼性が高い（ただし，M31 の伴天体
である M32 を除く[†6]）．表 1 でその下にある 13 天体の距離
は，その星雲中のもっとも明るい星の絶対光度が一定である

表1 星雲中の星，あるいは星雲が属する集団内の星雲の平均光度から距離が推定された星雲

天体	m_s	r	v	m_t	M_t
S. Mag.	-	0.032	+170	1.5	−16.0
L. Mag.	-	0.034	+290	0.5	17.2
N. G. C. 6822	-	0.214	−130	9.0	12.7
598	-	0.263	− 70	7.0	15.1
221	-	0.275	−185	8.8	13.4
224	-	0.275	−220	5.0	17.2
5457	17.0	0.45	+200	9.9	13.3
4736	17.3	0.5	+290	8.4	15.1
5194	17.3	0.5	+270	7.4	16.1
4449	17.8	0.63	+200	9.5	14.5
4214	18.3	0.8	+300	11.3	13.2
3031	18.5	0.9	− 30	8.3	16.4
3627	18.5	0.9	+650	9.1	15.7
4826	18.5	0.9	+150	9.0	15.7
5236	18.5	0.9	+500	10.4	14.4
1068	18.7	1.0	+920	9.1	15.9
5055	19.0	1.1	+450	9.6	15.6
7331	19.0	1.1	+500	10.4	14.8
4258	19.5	1.4	+500	8.7	17.0
4151	20.0	1.7	+960	12.0	14.2
4382	-	2.0	+500	10.0	16.5
4472	-	2.0	+850	8.8	17.7
4486	-	2.0	+800	9.7	16.8
4649	-	2.0	+1090	9.5	17.0

平均   −15.5

m_s　星雲中のもっとも明るい星の写真等級
r　1Mpc を単位とした距離の値．大マゼラン星雲と小マゼラン星雲までの距離はシャプレーによる値．
v　km./sec 単位の速度．N. G. C. 6822, 221, 224, 5457 の速度はヒューマソンによる最近の値．
m_t　ホップマンが修正した Holetschek による実視等級．最初の3天体は Holetschek が測定しておらず，入手できたデータに基づいて著者が推定した値．
M_t　m_t と r から計算した実視絶対等級．

との仮定のもとに推定されている．したがって，誤差は大き
いと思われるものの，現時点ではもっとも合理的な推定値で
あるはずだ．最後の4天体は，おとめ座銀河団[†7] に属して
いると思われる．おとめ座銀河団までの距離は，そのなかの
星雲の光度分布，およびいくつかの晩期渦巻星雲中の星の明
るさから推定された結果を総合して2Mpcとした．ただし
この値は，ハーバード大学による推定値である1千万光年
とは少し異なる[*2, †8]．

　表1のデータは，以前の方法で推定された太陽の運動の
補正の有無にかかわらず，星雲までの距離と速度とが比例し
ていることを示す．この事実は，星雲までの距離を K 項の
係数として導入することで，太陽の運動を推定する新たな可
能性を示唆する．すなわち，速度が距離と比例すると仮定す
れば，K はその効果に対応する比例係数（単位距離当たりの
速度の値）を表すことになる．この条件を具体的に書き下せ
ば

$$rK + X \cos\alpha \cos\delta + Y \sin\alpha \cos\delta + Z \sin\delta = v.$$

この式を用いて，2つの方法で太陽の運動を求めた[†9]．一つ
は，24の星雲をそのまま用いて計算した場合，もう一つは
それらを方向と距離が近い9つのグループにまとめてから
計算した場合である．それらの結果は以下の通り．

	24 天体	9 グループ
X	-65 ± 50	$+3 \pm 70$
Y	$+226 \pm 95$	$+230 \pm 120$
Z	-195 ± 40	-133 ± 70
K	$+465 \pm 50$	$+513 \pm 60$km./sec. per Mpc
A	$286°$	$269°$
D	$+40°$	$+33°$
V_0	306km./sec.	247 km./sec.

　少数でまばらに分布した天体データに基づいたものではあるが，その結果はかなり確定的である．2つの解の違いのほとんどは，おとめ座銀河団に属する4つの星雲に起因する．これらは今回のサンプルの中で最遠方にあり，かつおとめ座銀河団自身の特異速度を共有しているため，K したがって V_0 の値を大きく左右する．その特異運動の効果を減らすためには，より遠方の天体に対する新たなデータを取得する必要がある．そのためここでは，この2つの解の平均を，真の値の近似値として採用する．例えば，太陽の運動方向は赤経277°，赤緯 +36°（銀経32°，銀緯 +18°），速さは $V_0 = 280$ km./sec.，$K = +500$ km./sec./Mpc である．ストロムベルク氏は親切にも，このデータを異なるグループに分けた場合の解を独立に計算し，これらの値が正しいことを確認してくれた．

　この式に定数項を付け加えた場合でも，その値は小さく

かつ負であることがわかった．その結果は，以前の方法にお
いて，K 項を定数として導入する[10] 必要がないことを示し
ている．その種の解はルンドマルクによって発表されてい
る[*3]．彼は K 項を $k+lr+mr^2$ に置き換えた．その結果得
られた解は $k=513$ であり，約 700 であった以前の解と比
べてあまり違いがない[11]．

　太陽の運動に対する上述の 2 つの解を用いて予想される
星雲の速度と，実際の観測値との残差の平均はそれぞれ 150
km./sec. と 110 km./sec. であり，それぞれ 24 星雲，およ
び 9 グループの平均的な特異速度の大きさを表しているは
ずだ．この結果を図示する際には，速度の観測値から太陽の
運動を差し引いた後の値，すなわち距離に比例する項と特異
速度に対応する残差の和，を距離に対してプロットした．比
例関係に対する残差の分布は予想通りほぼなめらかであり，
総じてこの比例関係が適切であることを示唆している．

　距離が知られていない残りの 22 の星雲は，以下の 2 つの
方法で解析できる．まず，見かけの等級から導かれたグルー
プの平均距離と太陽運動を補正した後の速度の平均値を比較
する．その結果は，距離 1.4 Mpc に対して 745 km./sec.,
すなわち $K=530$ km./sec. となる[12]．この値は上述の 2
つの解から得られた値の範囲内にあり，今回提案した 500
km./sec. と一致している．

　それとは別に，すでに得られた距離と速度の比例関係を仮
定して，個々の星雲の等級分布を調べることができる．まず

表2　動径速度から距離が推定された星雲

天体	v	v_s	r	m_t	M_t
N. G. C. 278	$+650$	-110	1.52	12.0	-13.9
404	$-\;25$	$-\;65$	-	11.1	-
584	$+1800$	$+\;75$	3.45	10.9	16.8
936	$+1300$	$+115$	2.37	11.1	15.7
1023	$+\;300$	$+\;10$	0.62	10.2	13.8
1700	$+\;800$	$+220$	1.16	12.5	12.8
2681	$+\;700$	$-\;10$	1.42	10.7	15.0
2683	$+\;400$	$+\;65$	0.67	9.9	14.3
2841	$+\;600$	$-\;20$	1.24	9.4	16.1
3034	$+\;290$	-105	0.79	9.0	15.5
3115	$+\;600$	$+105$	1.00	9.5	15.5
3368	$+\;940$	$+\;70$	1.74	10.0	16.2
3379	$+\;810$	$+\;65$	1.49	9.4	16.4
3489	$+\;600$	$+\;50$	1.10	11.2	14.0
3521	$+\;730$	$+\;95$	1.27	10.1	15.4
3623	$+\;800$	$+\;35$	1.53	9.9	16.0
4111	$+\;800$	$-\;95$	1.79	10.1	16.1
4526	$+\;580$	$-\;20$	1.20	11.1	14.3
4565	$+1100$	$-\;75$	2.35	11.0	15.9
4594	$+1140$	$+\;25$	2.23	9.1	17.6
5005	$+\;900$	-130	2.06	11.1	15.5
5866	$+\;650$	-215	1.73	11.7	-14.5
平均				10.5	-15.3

星雲までの距離は，太陽の運動を補正した後の星雲の速度から推定できる．その距離を用いれば，見かけの等級から絶対等級が導かれる．その結果が表2で[13]，独立に距離が知られている 24 星雲の絶対等級の分布をまとめた表1の結果と比較できる．N. G. C. 404 は，観測された速度が小さく，距

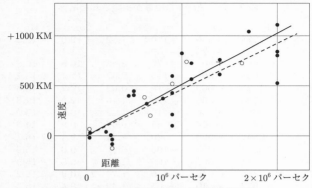

図1　銀河系外星雲の間の速度-距離関係

太陽の運動を補正した後の動径速度を，個々の星雲中の星，および同じ銀河団に属する星雲の平均光度から推定した距離に対して図示したもの．黒丸と実線は個々の星雲の速度から太陽運動を補正した場合の結果である．白丸と破線は，星雲をグループ分けして解析した場合の結果を示す．プラス記号は，個別には距離が推定できなかった 22 個の星雲の平均距離と平均速度を示す．

離に比例する項に比べて星雲の特異速度が大きいため，今回の解析からはとりのぞいてよかろう．しかし予想される特異速度と絶対等級が，他の星雲に対して得られた値の範囲内になるような距離を与えることは可能なので，必ずしも N.G.C.404 が速度-距離関係の例外だとはいえない．まったく独立なデータから推定された表2と表1の星雲群に対して，絶対等級の平均値はそれぞれ −15.3 と −15.5，ま

たそれらの分布範囲は 4.9 と 5.0 等級であり，等級頻度分布
も極めて近い．さらに，この絶対等級の平均値のわずかな違
いさえも，おとめ座銀河団内のもっとも明るい星雲を選ん
だ効果で説明できるかもしれない．このごく自然な一致は，
速度–距離の比例関係の妥当性の明白な証拠である．最後に，
この 2 つの表の結果を合わせて得られる絶対等級の頻度分
布が，他のさまざまな銀河団内の星雲に対して知られている
結果とほぼ同じであることを付け加えておきたい．

　これらの結果は，速度がすでに公表されている星雲に対
して，その速度と距離がほぼ比例関係にあることを明らかに
にした．さらに，距離と比例する速度の寄与が，星雲の速度
の観測値のほとんどを占めているらしい．より遠方でどう
なっているかを調べるために，ウィルソン山天文台のヒュ
ーマソン氏は，信頼できる観測が可能な複数の最遠方星雲
の速度を決定する計画を開始した．当然，それらは銀河団中
のもっとも明るい星雲に対応する．最初の確実な結果*4 は，
N. G. C. 7619 の $v = +3779$ km./sec. で，今回の結論と完
全に一致する．太陽運動を補正すればその速度は +3910 と
なり，$K = 500$ を採用すればその距離は 7.8 Mpc となる．
N. G. C. 7619 の見かけの等級は 11.8 なので，その距離から
推定される絶対等級は −17.65 となり，銀河団に属するもっ
とも明るい星雲の絶対等級とよく一致する．さらに，その星
雲が属する銀河団に対して独立に推定された予備的な距離の
値はおよそ 7 Mpc である．

　将来得られるであろう新たなデータによって，今回の研究の有意性が修正される可能性もあるものの，もし確認されたとすれば，はるかに重要な意義をもつ解となるだろう．そのため，現時点で今回の結果がもたらす明らかな帰結を詳細に議論することは時期尚早かもしれないが，例えば以下の可能性を挙げておく．銀河団に対する太陽の運動が，われわれの銀河系そのものの運動と銀河系中心に対する太陽の公転運動の和だとする．その場合，個々の星雲の速度から，その方向への太陽の公転速度成分を差し引いた残差を計算すれば，銀河系外星雲に対するわれわれの銀河系の運動が推定できるだろう．

　しかし，特筆すべきなのは，この速度–距離関係がド・ジッター効果である可能性だ．その場合，定量的データから空間曲率の値を議論することができるかもしれない．ド・ジッター宇宙論において，光のスペクトルは，原子振動による光の波長が観測者に届くまでに見かけ上伸びる効果と，物質粒子が外部に散乱する効果の2つの結果として赤方偏移を示す[†14]．後者は加速度が関与しているので，時間という要素を生み出す．この両者のどちらがより重要であるかによって，速度–距離関係式の形が決まる．その文脈でいえば，本論文で発見された比例関係は，限られた距離の範囲で成り立つ第一近似であることを強調しておく[†15]．

原　注

*1　*Mt. Wilson Contr.*, No. 324; *Astroph. J., Chicago, Ill.*, **64**, 1926（321）.

*2　*Harvard Coll. Obs. Circ.*, 294, 1926.

*3　*Mon. Not. R. Astr. Soc.*, **85**, 1925（865-894）.

*4　These Proceedings, **15**, 1929（167）.

訳　注

†1　当時，galaxy はわれわれが存在する銀河系（天の川銀河）をさす固有名詞として用いられていた．そのため，現在の用法では天の川銀河（Galaxy）の外にある系外銀河を意味する普通名詞としての galaxy のことを，この論文では一貫して，星雲（nebula）と呼んでいる．

†2　具体的にはこの K 項とは，158 ページの式の第一項を指す．またこの文と図 1 においては，速度の単位がキロメートルとなっているが，正確にはキロメートル/秒である．

†3　天文学では，天体の真の明るさに対応する量として絶対等級が用いられる．歴史的な理由で，明るい天体になるほど絶対等級は小さくなり，やがて負の値をとる．一方，同じ絶対等級をもつ天体であろうと，そこまでの距離が大きければ見かけ上暗くなる．この見かけの明るさに対応する量を見かけの等級と呼ぶ．通常は混乱を避けるため，絶対等級を大文字の M，見かけの等級を小文字の m として区別する．絶対等級は，10 pc 離れた天体の見かけの等級と一致するように定義されている．

†4　星が周期的に膨張・収縮することで，その明るさが変化する変光星の一種族．その変動周期から絶対光度を推定することができるため，その星が属する銀河までの距離を推

定する上で，極めて重要な役割を果たす．

†5　当時，天体の等級は写真乾板に撮影された画像から決められたが，その感度特性のために，他の方法で求められる等級の値とはずれる．そのため，その方法で決められた等級を写真等級と定義して，肉眼で見たときの等級に対応する実視等級と区別する．

†6　M31 と M32 はそれぞれ N.G.C. 224，221 に対応する．表1では，M32 までの距離は M31 までの距離と同じだと仮定されている．

†7　cluster（集団）は，天文学では銀河の集団をさすことが多く，銀河団と訳される．一方，当時は銀河を星雲（nebula）と呼んでいたため，cluster は星雲団と訳すべきかもしれない．しかし例えば，Virgo Cluster はおとめ座銀河団という固有名詞が現在では定着しており，おとめ座集団やおとめ座星雲団では誤解を招くため，おとめ座銀河団と訳すことにする．

†8　Mpc（メガパーセク）は 10^6 pc を指し，約 326 万光年に対応する．したがって，2 Mpc ≈ 650 万光年である．

†9　論文中の式の α と δ は，それぞれの遠方星雲の赤道座標での赤経と赤緯の値である．これに対して，その下にまとめられている A, D と V_0 は，太陽の運動方向に対応する赤経，赤緯，およびその速度 V_0 をさす（この論文中には明記されていない）．この場合，太陽の速度ベクトルは，$V_0 = V_0(\cos A \cos D, \sin A \cos D, \sin D)$ となり，これが 158 ページの式における $(-X, -Y, -Z)$ に対応する．

†10　この論文では，本来は r に依存しない定数として導入された K 項を，距離 r に比例させて rK に置き換え，その比例定数を K と読み替えている．

†11　原注3の文献が，ルンドマルクの論文 "The Motions

and the Distances of Spiral Nebulae" である．ルンドマル
クは，158 ページの式の rK の代わりに $k+lr+mr^2$ を用
いて，3 つの定数 k, l, m を推定した．その結果は $(+513$
$+10.365r-0.0047r^2)$ km./sec. である．ただし，この式の
中の r は，星雲までの距離をアンドロメダ星雲までの距離
で規格化した無次元量を表している．

†12　この論文では，K の単位を km./sec. としているが，
正しくは km./sec./Mpc である．現在の記法に従えば，
km/s/Mpc となるが，当時は kilometer と second の省略
語としてそれぞれ km. と sec. を用いている．また，こ
こで引用されている平均距離 1.4 Mpc と平均速度 745
km./sec. が，図 1 に描き込まれたプラス記号の位置に対応
する．

†13　表 2 には明記されていないが，v が観測された速度，v_s
がその星雲の動径速度方向の太陽運動に起因する速度成
分である．これらから，$K=500$ km./sec./Mpc を採用し
て，星雲までの距離を $r=(v-v_s)/K$ で推定している．

†14　この論文においてハッブルが理論的解釈に言及している
のはこの箇所のみである．原文は

　　In the de Sitter cosmology, displacements of the spec-
　　tra arise from two sources, an apparent slowing down
　　of atomic vibrations and a general tendency of material
　　particles to scatter.

であり，この論文を読んだだけではかなり唐突でその意味
を理解するのは困難である．ところで，エディントンの教
科書には，スライファーの観測データをまとめた表(172 ペ
ージ)の直前に，遠方星雲が大きな速度で遠ざかっている観
測結果に対して以下の記述がある．

　　De Sitter's theory gives a double explanation of this

motion of recession; first, there is the general tendency to scatter according to equation (70.22); second, there is the general displacement of spectral lines to the red in distant objects due to the slowing down of atomic vibrations (67.4) which would be erroneously interpreted as a motion of recession.

上述のハッブルの文章は，この部分をほぼ忠実に書き写しただけのように思われる．論文解説で述べたように，1923年のエディントンの教科書は，ド・ジッター解を静的宇宙モデルとみなす立場であった．したがって，スライファーの観測結果もあくまで見かけ上の効果に過ぎないと解釈している．これに対して，ルメートルの1927年の論文は膨張宇宙解の導出が主な結果であるため，宇宙が膨張している可能性を素直に受け入れている(特にルメートル論文の最後の文を参照のこと)．ただし，宇宙の初期条件を $t = -\infty$ となるように調整しているので，有限の過去から宇宙が始まったとは考えていない．一方で，ハッブルの論文のこの部分からは，得られた距離-速度の比例関係をハッブル自身は宇宙膨張の証拠であると解釈したわけではなく，あくまで「見かけ上」の効果だとみなしていたことがわかる．

†15　概説の(5)式に従うと，ド・ジッター解を定常解と見なす立場では，粒子の速度は原点からの距離の2乗に比例する．これは，今回得られた比例関係とは矛盾する．このため，後退速度と距離の関係は2つの原因によって生み出されるものであり，そのどちらが重要かによって具体的な関数形が決まるので，今回の結果はあくまで近似に過ぎないと述べるにとどめ，それ以上の定量的な議論を避けているのであろう．ド・ジッター解は時間変化する宇宙モデルの一種であるとの現代的な解釈に従えば，このような見かけ

上の効果に悩む必要なしに距離と速度の比例関係が一般的に導かれるので，本論文のこの部分の記述はもはや不要である.

第 V 章
ビッグバンモデルの提唱

論文解説

仏坂健太

1 はじめに

　ここまで宇宙を記述する理論や膨張宇宙の発見について見てきた．本章では，ビッグバンモデルの基本的な内容と歴史について，その誕生に大きく貢献した3篇の論文を軸に解説する．

2 論文に関する解説と歴史的背景

　ガモフ，アルファーらは，膨張宇宙と物質の起源を結びつけるビッグバンモデルを提唱した．本章に収録する第一の論文は1946年のガモフ（George Gamow: 1904-1968）による「膨張宇宙と元素の起源」で[*1]，彼は元素が初期宇宙で作られたという立場に立ち，まず当時主流であった平衡理論が破綻していることを示し，非平衡元素合成の可能性について言及する．さらに第Ⅲ章で紹介されたフリードマン方程式を，大胆にも，原子核反応が起こるほど初期の宇宙に適用することで，初期宇宙の元素合成は確かにほんの一瞬しか起こらず，そこでは原子核が中性子を次々と捕獲する非平衡過程が支配的であるという描像に到達した．これはビッグバン宇宙論の原点であると言って差し支えないだろう．

　このアイデアに至るまでのガモフの研究を少し紹介した

い．ガモフはアレクサンドル・フリードマンの下で学び，その後，原子核物理学の先駆者となった．ガモフは天体内部の核反応に関する研究も多数行っている．例えば，フェルミ（Enrico Fermi: 1901-1954）が中性子捕獲反応を発見した直後の 1935 年に発表した「核反応と元素の起源」[*2] では，天体内部で中性子捕獲が起こることで重元素が作られる可能性を指摘している（これは後に s 過程と呼ばれる）．さらに1942 年の「元素の起源をめぐって」[*3] では，ガモフは重元素の組成比を通常の天体で説明するのは難しいことを理解し，初期宇宙の非平衡過程によって重元素が形成されたのではないかと考察している．このときガモフは，素直に考えると中性子捕獲が進みすぎて，ウランよりも重い超重核を作っては核分裂を起こすというループに入ってしまい，軽元素ができないというジレンマに陥っていたのだが，すでにガモフ（1946）の面影をこの論文に見ることができる．これは今では r 過程と呼ばれ，最近になって中性子星合体でこの過程が起こることがわかってきた．

　第二の論文は 1948 年のアルファー（Ralph A. Alpher: 1921-2007），ベーテ（Hans A. Bethe: 1906-2005），ガモフによる「元素の起源」である[*4]．これは専門家の間では著者の頭文字をそれぞれ取って $\alpha\beta\gamma$ 論文という愛称で親しまれている．$\alpha\beta\gamma$ 論文では，ガモフのアイデアを追究すべく，初期宇宙で元素が次々と中性子を捕獲し成長する過程が計算された．歴史的には第二次大戦終結後，中性子捕獲の断面積

が公開されたことがこの研究を進める上で大きな要因になっ
たようである*5. 彼らはこの計算から, すべての元素が膨張
宇宙の元素合成によって作られたと主張したのである.

　これを起点として, ガモフ, アルファー, ハーマン
(Robert Herman: 1914-1997), フォリンらによって行わ
れた一連の研究*6,7,8 の帰結は, 膨張宇宙における元素合成
は宇宙が始まって約3分という極めて短い時間で起こった
ということである. さらに元素合成を成功させるためには,
初期宇宙が輻射によって支配される火の玉状態であったべ
きで, その残り火が現在も宇宙を満たしていることが導かれ
る. したがって, この一連の研究は, 第VI章で紹介される宇
宙マイクロ波背景輻射(CMB)を予言した偉業であったとみ
なされている. しかし, 当時, 彼らの研究はあまり受け入れ
られていなかったようだ. 定常宇宙論を先導していたホイル
は1949年にBBCラジオで, 高温の火の玉宇宙によって元
素が作られたというアイデアを非難する気持ちを込めて "ビ
ッグバン" と呼んだという皮肉な歴史がある*5.

　読者に誤解を与えないために, ガモフ(1946)と $\alpha\beta\gamma$
(1948)の2篇の論文には結果的にいくつかの致命的な誤り
があったことを述べておきたい. 第一に, 宇宙は完全な中
性子ガスから始まったという仮定は誤りであった. 本章の3
篇目に取り上げる論文で指摘されたように*9,10, 元素合成
が始まる時期には, すでに陽子が中性子よりも数倍多い状況
にあった. 第二の誤りは, 質量数が5と8の元素は不安定

であることを考慮していない点である．これはフェルミとターケビッチによって最初に指摘されたことで[*10]，中性子捕獲のみで不安定核を跳び越えて重元素を作ることはほとんど不可能である．したがって，すべての元素がビッグバンによって作られたという $\alpha\beta\gamma$ による試みは失敗に終わった．現在では，ビッグバンによって生成された元素はせいぜい Li までの軽元素であり，重い元素のほとんどは天体によって後から形成されたと理解されている．第三の誤りは，物質優勢の宇宙を考えた，いわゆる冷たいビッグバン宇宙モデルを採用した点である．

　第三の論文は 1950 年の林忠四郎(1920-2010)による「膨張宇宙における元素合成期の陽子・中性子の濃度比」で[*9]，元素合成期における陽子と中性子の数比が宇宙の初期条件とは無関係に $n:p=1:4$ に決まることを示したものである．この値からすべての中性子が最終的にヘリウムに行き着くとすれば，水素とヘリウムの数比は $6:1$ となる．この論文は宇宙に存在するヘリウム量に対する解を与え，ガモフやアルファーらのビッグバン理論の原型は林の仕事によってかなり現在の形に近づけられたと言えるだろう．またこの論文の目的は単に n-p 比を求めるだけではない．n-p 比に関する解の一般性や元素合成期における解の振る舞いがほぼ初期条件に依存しないことが，ニュートリノの性質がわかっていない当時，ほとんど手探りながらも見事に示されている．例えば，この論文で採用された中性子の寿命のデータは古かったた

め，n-p 比の値は本当は 1：4 でなく 1：6 であることがわかっている．しかし，寿命の違いは解の一般性には影響せず，この論文の価値を語る上では何ら問題はない．なお，1949 年に林が「素粒子論研究」に日本語の類似記事を発表しているのでそちらも参照されたい[*9]．

　林個人の 1950 年までの研究テーマはガモフの仕事に強く影響されていた[*11]．当時，林とガモフの興味は一致しており，ガモフの大雑把なアイデアを林が詳細な考察によって進展させるという良い関係にあったのであろう．

3　ビッグバン元素合成モデルの歴史再考

　ビッグバン理論の肝は，宇宙開始からおよそ 3 分後，温度 10^9 K の輻射によって膨張宇宙が支配されていたとき，重陽子の形成が引き金となり元素合成が起こるという描像である．では誰が最初にこの描像に辿り着いたのかという疑問が，ビッグバン宇宙論の歴史を語る上でしばしば議論される．これは，誰が最初に CMB 温度を正しく予言したかという問題なのだが，初めて CMB の温度を予言したのはアルファーとハーマン[*7] であったとよく言われている[*5,12]．確かに彼らの論文中で，現在の CMB 温度はだいたい 5 K であると指摘されている[*7]．ところが，最近，ピーブルス（Phillip J. E. Peebles: 1935-）による詳しい調査が「熱いビッグバンの発見—1948 年，何が起こったのか—」[*13] にまとめられ，この認識が見直されつつある．

　まず $\alpha\beta\gamma$ 論文では物質優勢の宇宙が考えられており，現代的な輻射優勢の熱いビッグバン宇宙ではない．したがって，この論文は CMB を正しく予言したわけではない．論文後半で述べられているように，このような宇宙では時間を遡ると物質密度が発散し，これに伴って中性子捕獲が進み過ぎてしまう．これを回避するために，彼らは元素合成が $t_0 \approx 20$ 秒に始まったという人為的な仮定を導入しなければならなかった．

　ガモフは 1948 年の論文「元素の起源と銀河の間隔」*6 で，輻射優勢の宇宙を考えることでこの問題を解決できることを示した．輻射優勢の宇宙では以下の反応

$$p+n \leftrightarrow d+\gamma, \qquad (1)$$

によって，光 (γ) が重陽子 (d) を解離する反応が起こるため，温度が 10^9 K よりも高温では元素合成は進まず，人為的な開始時刻を導入する必要がなくなるのである．この温度における物質の密度 ρ_m が求まれば，$T_{\mathrm{CMB}} \approx 10^9$ K $(\rho_{m,\mathrm{pre}}/\rho_m)^{1/3}$ から CMB 温度を予想できる．ここで $\rho_{m,\mathrm{pre}}$ は現在の物質密度である．ガモフはヘリウムをほどよく生成するために反応 (1) が左から右へ進む速さが宇宙の膨張率とだいたい等しいとして，$\rho_m \approx 10^{-6}$ g/cm^3 を導いている*6．ここから輻射と物質の密度が同程度になる時刻では，温度と密度がそれぞれ 10^3 K，10^{-24} g/cm^3 と評価した．顕らかに言及されてはいないが，ガモフがよく使っていた $\rho_{m,\mathrm{pre}} \approx$

10^{-30} g/cm^3 を採用すれば[*1]，CMB 温度が ≈ 10 K だと評価できる．

　一方，アルファーとハーマンによる CMB 温度を推定した論文[*7] では，彼らは重水素の生成率と膨張率を比較するガモフの方法は適切ではないと否定した上で，すべての重元素の組成分布を再現するという要請から CMB 温度を評価している．したがって，彼らの推定は誤った仮定の下で算出されたものである．以上のことから，正しい物理的考察から現在の熱いビッグバン宇宙モデルに辿り着き，CMB の存在とその温度を評価していたのはどうやらガモフが最初だったようだ[*12]．しかし，ガモフの考察は彼の類稀なる物理的直感に基づいており，注意深い計算はあまり行われていない．一方，アルファーやハーマンは原子核の反応断面積を集め，詳細な数値計算を行っており，これらは当時多大な労力を要したであろう．その功績は忘れてはいけない．

4　現在のビッグバン元素合成モデル

　ガモフ，アルファー，ハーマン，林の仕事に端を発したビッグバン理論は，CMB の発見とほぼ同時に，ピーブルスおよびワゴナー（Robert V. Wagoner: 1938-），ファウラー（William A. Fowler: 1911-1995），ホイル（Fred Hoyle: 1915-2001）による独立な解析によって現在の形に確立された[*14]．ビッグバン元素合成の流れ[*12,15] を簡単にまとめておく：

1. 宇宙開始後 ～1万分の1秒；温度は 10^{12} K である．宇宙の物質は平衡状態にあり n-p 比は 1:1 である．

2. 宇宙開始後 ～1秒；温度は 10^{10} K，n-p 比はおよそ 1:4 である．これ以降，ニュートリノは物質と十分速く反応できなくなる．

3. 宇宙開始後 ～10秒；^{4}He を形成できる 3×10^9 K まで温度が下がるが，結合エネルギーの低い重陽子が足かせになり元素合成はまだ進まない．このとき n-p 比はおよそ 1:5 である．

4. 宇宙開始後 ～3分；10^9 K まで温度が下がり，ようやく十分な量の重水素が生成され始める．このとき n-p 比はおよそ 1:6 である．ほとんどの中性子は重陽子を経て最終的に ^{4}He に取り込まれる．^{4}He は質量比で ≈0.27 である．

5. 宇宙開始後 ～30分；温度は 3×10^8 K，自由中性子はほとんど残っていない．この時刻までに原子核反応は終了し，重陽子，三重陽子，Li などの軽元素もわずかながら存在する．

*1 G. Gamow, *Phys. Rev.*, **70** (1946), 572.

*2 G. Gamow, *The Ohio Journal of Science*, **35** (1935), 406.

*3 G. Gamow, *J. Wash. Acad. Sci.*, **32** (1939), 353.

*4 R. A. Alpher, H. Bethe, and G. Gamow, *Phys. Rev.*,

73（1948），803.

*5　R. A. Alpher and R. Herman, *Physics Today*, **41** (1988), 8, 24.

*6　G. Gamow, *Phys. Rev.*, **74** (1948), 505. G. Gamow, *Nature*, **162** (1948), 682.

*7　R. A. Alpher and R. C. Herman, *Nature*, **162** (1948), 774. R. A. Alpher and R. C. Herman, *Phys. Rev.*, **75** (1949), 1089.

*8　アルファーとハーマンらによる一連の研究を挙げておく. R. A. Alpher, *Phys. Rev.*, **74** (1948), 1577. R. A. Alpher and R. C. Herman, *Phys. Rev.*, **74** (1948), 1737; R. A. Alpher, J. W. Follin, and R. C. Herman, *Phys. Rev.*, **92** (1953), 1347.

*9　C. Hayashi, *Prog. Theor. Phys.*, **5** (1950), 224. この論文が発表される前年に「素粒子論研究」湯川秀樹ノーベル賞特集号にこの論文の原型が発表されている［林忠四郎, 素粒子論研究，**1** (1949), 86］.

*10　フェルミとターケヴィッチの計算は論文としては出版されていない. 彼らの指摘を取り入れた結果が G. Gamow, *Rev. Mod. Phys.*, **21** (1949), 367 の中で発表されている. またこの論文で宇宙が完全な中性子から始まったのは不自然であり，平衡値を考えれば元素合成が始まる時間には陽子が中性子よりも多く存在したと主張されている.

*11　佐藤文隆編，林忠四郎の全仕事，京都大学出版会, (2014).

*12　S. ワインバーグ著，小尾信彌訳『宇宙創成はじめの3分間』(ちくま学芸文庫, 2008).

*13　P. J. E. Peebles, *Eur. Phys. J. H.*, **39** (2014), 205.

*14　P. J. E. Peebles, *Astrophysical Journal*, **146** (1966),

542, R. V. Wagoner, W. A. Fowler, and F. Hoyle, *Astrophysical Journal*, **148** (1967), 3.

*15 ビッグバン宇宙論を日本語で詳しく学びたい方は，S. ワインバーグ著，小松英一郎訳『ワインバーグの宇宙論（上）：ビッグバン宇宙の進化』（日本評論社，2013）という優れた教科書がある．宇宙論とその歴史についてより広い視点から書かれた一般書として，須藤靖『ものの大きさ　自然の階層・宇宙の階層（第2版）』（東京大学出版会，2021）を参照されたい．

膨張宇宙と元素の起源

ジョージ・ガモフ(仏坂健太訳)

　宇宙に存在する種々の元素の組成比は，核反応が起こるほど十分に高温かつ高密度であった膨張宇宙のごく初期における物理状況によって決定されたと広く考えられている．

　これまでの研究では，極めて高温・高密度下では平衡状態が実現し，元素の組成比は原子核の束縛エネルギーに従って決まるという仮説が採用されている[*1,2,3]．しかし実際に理論と観測を比べてみると，この考え方は深刻な問題に直面することがわかる．原子核の束縛エネルギーは近似的にその質量数に比例するため，平衡理論ではその詳細に依らずに組成比が質量数に対して指数関数的に減少することが導き出される．ところが観測的には，軽元素ではこのような組成分布の急激な減少が見られるものの，重元素の組成比はおよそ一定なのである[*4]．この不一致を解消するために，重元素はより高温宇宙で形成され，軽元素が形成される時刻には，すでに重元素の組成比が凍結しているという仮説が導入された．し

かしながら，ここで注目している高温・高密度下では，原子核反応が自由中性子を吸収，放出することで進行すること，軽元素と重元素でこの反応率が基本的には同一であることを考えれば，この解決策は容易に棄却される．したがって，観測されている組成比を説明できるおそらく唯一の方法は，宇宙のある時期に何らかの非平衡過程が起こったという仮説を導入することであろう．

宇宙膨張は上述の結論を強く支持する．宇宙膨張の理論によれば[*5]，任意の長さスケールの時間発展は以下の公式で与えられる．

$$\frac{dl}{dt} = \left(\frac{8\pi G}{3} \rho l^2 - \frac{C^2}{R^2} \right)^{1/2} \tag{1}$$

ここで G は万有引力定数，ρ は宇宙の平均密度，R は空間の曲率を特徴づける定数（実数もしくは虚数）である[†1]．この表式は古典物理学で馴染み深い自己重力ダスト球の膨張速度を与える公式

$$v = \left(2\frac{4\pi l^3}{3} \rho \frac{G}{l} - 2E \right)^{1/2} \tag{2}$$

の相対論的な類似式であることに気づかれるだろう．ここで E は単位質量当たりの全エネルギーである．R が虚数の場合は際限なく膨張する宇宙（脱出速度を上回る運動）に対応し，実数の場合は重力によって膨張が途中で収縮に転じる宇

宙(脱出速度を下回る運動)に対応する. 定量的な評価を行うために, 一様宇宙において現在, 物質 1 g を含む立方体を考えよう. 現在の宇宙の平均密度 $\rho_{\text{present}} \approx 10^{-30}$ g/cm^3 より, この立方体の一辺は $l_{\text{present}} \approx 10^{10}$ cm である. ハッブルによれば(Hubble 1936)[*6], 現在の宇宙膨張率は 1 cm 当たり 1.8×10^{-17} cm/sec なので, $(dl/dt)_{\text{present}} \approx 1.8 \times 10^{-7}$ cm/sec を得る[†2]. これを式(1)に代入すれば

$$1.8 \times 10^{-7} = \left(5.7 \times 10^{-17} - C^2/R^2\right)^{1/2}, \qquad (3)$$

となる. これは現在の宇宙では右辺の第 1 項(重力エネルギーに対応)が第 2 項に比べて小さく無視できることを示している. ここから曲率半径 : $R = 1.7 \times 10^{17}\sqrt{-1}$ cm, もしくは 0.2 虚光年を得る[†3].

　宇宙の過去, つまり l が非常に小さく ρ が非常に大きい時刻まで遡ると式(1)の右辺第 1 項が重要になる. これは膨張の初速度が重力によって減速する効果が顕著であったことを意味する. これら 2 つの項が同等になる時刻, 言い換えれば l が現在の値に比べてまだ 1000 分の 1 だった頃, 宇宙膨張は減速から自由膨張に転じたと言える. この時期におそらく物質が重力的に集まり, 星, 星団, 銀河などの形成が起こったと考えられる[*7].

　われわれの公式(1)と $C^2/R^2 = -3.3 \times 10^{-14}$ を宇宙の平均密度が 10^6 g/cm^3 であった時刻に適応すると[†4], $l \approx 10^{-2}$ cm と $dl/dt \approx 0.01$ cm/sec が得られる. つまり宇宙の平均

密度が $\mathcal{O}(10^6)\,\mathrm{g/cm^3}$ であった頃，宇宙膨張はたった1秒で密度が1桁下がるほど速かったのである．これらは言うまでもなく現在の宇宙膨張を注意深く初期宇宙まで外挿することで得られた値ではないが，重力に逆らって慣性膨張する運動のエネルギー保存則から導かれる一般的な結果である．

　元素合成の問題に話を戻そう．原子核反応が十分速く起こるような初期宇宙はほんの一瞬だったことがわかった．つまり，平衡状態はこのような短い時間で達成されなければならず，そのようなものを語ること自体とても危険なことかもしれない．もう一つ興味深いことを述べておくと，元素合成が起こった時期は自由中性子の寿命（おそらく1時間程度）[†5]に比べてとても短いのである．したがって，もし宇宙の始まりに自由中性子が多く存在したならば，これらが陽子に崩壊するよりも前に宇宙の密度と温度は十分に下がったはずである．このような比較的冷たい雲の中では，自由中性子が互いに吸着し合うことで徐々に大きな中性核が形成されると考えてもよいだろう．この大きな中性核は形成後にベータ崩壊を経て様々な元素に至るだろう．このような視点に立てば，中性子捕獲によって重い中性核の形成にかかる時間は軽い核に比べて長い時間が必要になるから，重い元素が軽い元素よりも少ない傾向にあることが理解できる．現在の宇宙には多くの水素が存在するが，これは宇宙初期における自由中性子の崩壊と原子核による中性子捕獲反応が競合した結果残ったものと考えるべきである[†6]．

　今後，このアイデアをより詳細な計算に発展させること
で，宇宙に存在する元素の組成分布の理解が進むと同時に，
膨張宇宙の初期に関する貴重な知見をもたらすことができる
だろう．

原　注

*1　v. Weizsäcker, *Physik. Zeits.*, **39**, 633 (1938).

*2　Chandrasekhar and Henrich, *Astrophys. J.*, **95**, 288 (1942).

*3　G. Wataghin, *Phys. Rev.* **66**, 149 (1944).

*4　Goldschmidt, *Verteilung der elemente* (Oslo, 1938).

*5　R. Tolman, *Relativity, Thermodynamics and Cosmology* (Oxford Press, New York. 1934).

*6　Hubble, *The Realm of the Nebulae* (Yale University Press, New Haven, 1936).

*7　G. Gamow and E. Teller, *Phys. Rev.*, **55**, 654 (1939).

訳　注

†1　ここで C は光速度である．

†2　このハッブル定数の値は $550\,\mathrm{km/s/Mpc}$ に対応し，最新
　　の値およそ $70\,\mathrm{km/s/Mpc}$ に比べて大きい値を用いている．
　　詳しくは第Ⅳ章を参照されたい．

†3　式(1)による定義からわかるように，ここで使われている
　　曲率半径 R は無次元である．つまり，あるスケール l を選
　　んだ場合には，その長さスケールでの曲率半径は正しくは
　　$R \times l$ である．したがって，曲率半径は $1.7 \times 10^{27} \sqrt{-1}\,\mathrm{cm}$，
　　もしくは 20 億虚光年である．このことは論文が発表され

た翌年にガモフ自身によって訂正されている。ここで虚光年とは際限なく膨張する宇宙の曲率半径を便宜的に虚数の長さとして表現した単位である。

†4 ここで採用されている物質密度，10^6 g/cm^3，は現在の理論が予想する元素合成期の物質密度，$\sim 10^{-5}$ g/cm^3，に比べて何桁も大きい。これは当時，ワイゼッカーやチャンドラセカールの平衡理論で用いられた値を参照したようである。またこの計算からもわかるように，ここでは輻射のエネルギーは考えられていない。

†5 中性子の半減期の最新の測定値はおよそ10分である。

†6 後半の議論，すなわち大きな中性核云々の部分は現在の描像とは異なっている。これについては本章第3篇目に紹介する林の論文を参照していただきたい。

元素の起源

ラルフ・アルファー, ハンス・ベーテ, ジョ
ージ・ガモフ(仏坂健太訳)

われわれの一人(ガモフ)が指摘したように[*1], 宇宙に存在
する種々の元素はある密度・温度の平衡状態から生成され
たのではなく, 宇宙の原始物質の急激な膨張と冷却の過程で
次々と重い原子核が合成されることで生成されたと考える
べきである. この描像では原始物質として強く圧縮された中
性子のガス(極めて熱い中性子の流体)が宇宙膨張に伴い減圧
されることで, 中性子が陽子と電子に崩壊する. これによっ
て生じた陽子が残存中性子を捕獲することで, まず重陽子が
形成され, 捕獲がさらに進んだ結果, 重い原子核が合成され
たと理解できる. この過程は短い時間で起こるため[*1], 重元
素形成は安定核の少し先の元素(短寿命フェルミ元素)まで進
むこと, また種々の元素の組成分布は核反応が終了した後に
ベータ崩壊によって決定されたということを忘れてはいけな
い.

　したがって, 観測された元素の組成比の分布は最初の中性

子ガスの温度を反映するのではなく，中性子捕獲が起こる時期の長さによって決まるべきである．この時期の長さは宇宙の膨張率と捕獲反応率の競合によって決定される．また種々の元素の組成比はそれぞれの元素固有の安定性（質量欠損）ではなく，中性子捕獲の断面積[†1] に依るべきである．このような中性子捕獲による元素合成を表現する方程式は以下のように書ける

$$\frac{dn_i}{dt} = f(t)(\sigma_{i-1}n_{i-1} - \sigma_i n_i), \quad i = 1, 2, \cdots 238.$$

(1)

ここで n_i と σ_i は質量数 i の原子核の相対存在量と捕獲断面積，$f(t)$ は宇宙膨張による密度減少を表す関数である．

　合成過程は中性子ガスの温度がまだ高かった頃に終了したはずである．この理由は，もしそうでなかったならば，観測される組成比は低速中性子捕獲の共鳴に強く影響されるからである[†2]．ヒューズによれば[*2]，中性子のエネルギーがおよそ 1MeV において，周期表の最初の半分の元素までは，原子核の中性子捕獲の断面積は質量数に従って指数関数的に増大し，それよりも重い元素では，断面積は近似的に一定である[†3]．

　この断面積を用いて，式(1)を積分した結果を図に示している．元素の相対存在比が軽い元素では急激に減少し，銀よりも重い元素ではおよそ一定になっている．観測されている分布[*3] をうまく説明するためには，元素合成が起こる時

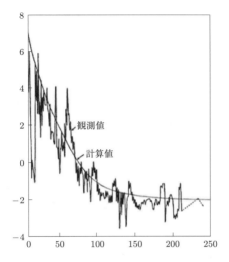

期に，$\rho_n dt$ の積分値が $5 \times 10^4 \, \mathrm{g\, sec/cm^3}$ に等しい必要がある[†4]．

一方，相対論的な膨張宇宙によると[*4] 密度は時間に依存し，$\rho \approx 10^6/t^2$ で与えられる．この時間積分は時刻 $t=0$ で発散するため，元素合成は以下の関係を満たす時刻 t_0 に開始されたと考える必要がある：

$$\int_{t_0}^{\infty} (10^6/t^2)dt \approx 5 \times 10^4. \qquad (2)$$

したがって $t_0 \approx 20 \, \mathrm{sec}$ と $\rho_0 \approx 2.5 \times 10^5 \, \mathrm{g/cm^3}$ となる[†5]．この結果は以下の 2 つの可能性を示している：(a)時刻 t_0

以前の高密度な環境では，中性子ガスが極めて高温であるた
め元素合成は起こらなかった[†6]．(b)宇宙の密度は 2.5×10^3
$g \, sec/cm^3$ を超えることはなかった．これは角運動量をもつ
膨張宇宙（回転宇宙）という新たな解を考えることで理解され
る[*5]．

　今後，われわれのうちの一人（アルファー）が式(1)の詳細
な解析とその他の考察を発表する予定である．

　原　注

*1　G. Gamow, *Phys. Rev.*, **70**, 572（1946）.

*2　D. J. Hughes, *Phys. Rev.*, **70**, 106（A）（1946）.

*3　V. M. Goldschmidt, *Geochmische Verteilungsgesetz
der Elemente und der Atom-Arten. IX*,（1938）.

*4　例えば，R. Tolman, *Relativity, Thermodynamics and
Cosmology*（Oxford, Clarendon Press. 1934）を参照.

*5　G. Gamow, *Nature*, October 19（1946）.

　訳　注

†1　捕獲の断面積とは，原子核が中性子を浴びた際に捕獲反
応が起こる確率を表す物理量である．より具体的には，単
位時間当たり原子核当たりに起こる中性子捕獲の回数を単
位時間・単位面積当たりに入射する中性子の個数で割った
ものである．

†2　原子核による中性子捕獲の断面積は，ちょうど入射する
中性子のエネルギーと原子核の励起エネルギーが一致する
付近に共鳴をもつ．励起準位はだいたい 1 MeV かそれよ

り少し小さい間隔で分布しているため，温度が低い状況で
は，反応率が一つの共鳴によって決まることが起こりうる．
一方で，温度がある程度高ければいくつもの励起状態が反
応率に寄与するため，断面積は原子核の質量数に応じてな
めらかに変化すると近似できる．つまり，より統計的な振
る舞いをする．ここでは，アルファーが中性子捕獲の断面
積の実験データを質量数の関数としてフィットしたものを
式(1)で使っていて，これを用いれば観測されている組成分
布を説明できるという結論になっている．したがって，断
面積に共鳴の効果が現れるような低い温度だと，このよう
な分布は再現されないので宜しくないという論理展開にな
っている．

†3　大雑把に言えば中性子捕獲の断面積の逆数が図の組成比
　　のカーブに対応する．

†4　元素合成期における中性子の密度 $\rho_n dt \approx 5 \times 10^4$
　　$\mathrm{g\,sec/cm^3}$ は誤りであり，正しくは $\approx 10^{-4}\,\mathrm{g\,sec/cm^3}$ であ
　　る．この間違いは，本論文の数値計算に間違いがあったこ
　　とが原因であると G. Gamow, *Phys. Rev.*, **74** (1948),
　　505, で指摘されている．またガモフの論文とほぼ同時に投
　　稿された，R. A. Alpher, *Phys. Rev.*, **74** (1948), 1577,
　　でも同じく密度の値が改められている．

†5　この方程式の左辺に現れる密度は，宇宙が非相対論的な
　　物質で構成されるとして，$\rho = 1/6\pi G t^2 \approx 10^6 t^2\,\mathrm{g/cm^3}$ を
　　採用している．この積分から元素合成の開始時刻が宇宙が
　　始まって 20 秒後であると結論されている．しかし，訳注 4
　　で記したように，元素合成から要請される密度が 8 桁間違
　　っていたため，ここでの議論は誤りである．さらに，この
　　計算からもわかるように，物質優勢の宇宙を考えており，
　　輻射優勢宇宙で元素合成が起こるという現在の描像とは異

なる.

†6 ここで挙げられた中性子ガスが高温であったという可能性をもう少し深く掘り下げれば，初期宇宙が輻射優勢であったという結論に達する．実際，この論文が出版されてわずか 3 か月後にガモフによって輻射優勢の宇宙が考えられた [G. Gamow, *Phys. Rev.*, **74** (1948), 505].

膨張宇宙における元素合成期の
陽子・中性子の濃度比

林忠四郎(仏坂健太訳)

§1 導入

　ガモフ，アルファーと彼らの共同研究者らは[*1]，宇宙は原始物質(イレム[†1]という中性子のみからなる物質)から始まったと仮定し，宇宙膨張とともにイレムが冷えることで，ベータ崩壊から作られる陽子が中性子を捕獲し次第に元素が合成されると考えた．しかしながら，元素合成が起こる以前の宇宙初期は極めて高温な環境($kT \gtrsim mc^2$，ここで m は電子の質量)であるため，自由中性子の崩壊に加えて，電子，陽電子，ニュートリノ，反ニュートリノに誘発されるベータ過程[†2]，

$$n + e^+ \leftrightarrow p + a\nu, \tag{1a}$$

$$n + \nu \leftrightarrow p + e^-, \tag{1b}$$

$$n \leftrightarrow p + e^- + a\nu, \tag{1c}$$

が陽子・中性子の濃度比（以下，n-p 比）に影響を与える．さらに高温 $kT \gtrsim \mu c^2$（μ は中間子の質量）では，核子とより強く相互作用する中間子が多く存在するため，中間子を介して n-p を変換する反応が極めて速かったはずである．したがって，元素合成の時期における n-p 比は式(1a)–(1c)で与えられる反応と膨張宇宙による温度と密度変化によって決定されたはずである．

元素と銀河の起源を説明するためにガモフによって提唱された相対論的な膨張宇宙の理論[*1,5] に基づいて考察を進めよう．宇宙の密度が十分高い時期では，宇宙の膨張率と収縮率は

$$\frac{1}{l}\frac{dl}{dt} = \pm\left(\frac{8\pi}{3}G\rho\right)^{1/2}, \qquad (2)$$

で与えられる[*2]．ここで l はある任意の量の物質を含む体積の一辺の長さ，ρ は質量密度である．以下では輻射のエネルギー密度が物質のエネルギー密度よりも大きい場合

$$\rho_r = aT^4/c^2 > \rho_m, \qquad (3)$$

に限って議論を進める[†3]．この条件は $T = 10^9\,\mathrm{K}$ において $\rho_m < 1\,\mathrm{g/cm^3}$ であれば成立し，ガモフとアルファーが採用した初期条件，$T = 10^9\,\mathrm{K}$ で $\rho_m = 10^{-5} \sim 10^{-8}\,\mathrm{g/cm^3}$ を含む．この条件下で $kT < Mc^2$（M は核子の質量）の場合，エネルギー保存則と核子の粒子数の保存則から

$$T \sim 1/l, \quad \text{and} \quad \rho_m \sim 1/l^3, \qquad (4)$$

を得る.

　巨視的に密度と温度の時間変化が式(2)と(4)で与えられるとき，陽子，中性子，電子，陽電子，光子，ニュートリノ，反ニュートリノの数密度の時間変化をそれぞれが自由粒子という仮定の下で求めよう.　一様等方宇宙において，ある質量の物質を含む体積を考える際，ニュートリノ・反ニュートリノ[†4] はこの体積から出て行く量と同じだけが周囲から流入するという性質を，ベータ過程およびすべての粒子の統計に取り入れなければならないことを注意しておく.

　第2節では一定の温度・密度の下，それぞれの粒子間に起こる反応率を調べ，これらの反応がベータ過程を除いて，膨張による温度変化に比べて十分速く起こることを示す.　したがって，例えば電子・陽電子は輻射場と熱力学平衡にあると考えてよい.　第3節ではベータ過程の反応率を計算する.　第4節では，膨張もしくは収縮する宇宙における中性子，陽子，ニュートリノ，反ニュートリノの濃度が従う方程式を導出する.　条件(3)はニュートリノの数密度が核子に比べて十分大きいことを意味し，そのような状況ではこれらの方程式を簡略化できる.　温度が 2×10^{10} K よりも高い場合は熱力学平衡が保たれるが，温度が下がるに従って高いエネルギーをもつ軽い粒子が減るため，これらに誘起されるベータ過程は大きく抑制される.　その結果 n-p 比を決める反応

が遅くなり n-p 比が平衡値から外れるという現象が起こる．言い換えれば，宇宙膨張がベータ過程よりも速くなった時点で n-p 比は凍結するのである．条件(3)を満たす宇宙に対する数値計算によって以下のことを示す．宇宙初期の温度が熱力学平衡を実現するほど十分高い（$T \gtrsim 2 \times 10^{10}$ K）場合，元素合成の開始時における n-p 比は初期条件に依らずおよそ 1:4 になる．その他の考察を第6節で論ずる．

§2　高温下における素過程の反応率

核子，電子，光子，ニュートリノの間の反応は統計平衡に向かう方向に進む．簡単のために，これらの粒子はすべて自由粒子と仮定し，温度と密度が一定の場合に種々の反応率（クーロン，コンプトン，核子散乱，対生成など）と宇宙膨張による温度の変化率（式(2)）を比較する．後者は宇宙の温度が1桁変化するのに要する時間で特徴づけられ，式(2)に $\rho = aT^4/c^2$ を代入して

$$\tau_T = T / \left| \frac{dT}{dt} \right| = \left(\frac{8\pi}{3} \frac{Ga}{c^2} \right)^{-\frac{1}{2}} T^{-2}, \qquad (5)$$

で与えられる[†5]．以降で注目するような，中間子を生成するほど高温ではないが元素合成期よりも高温という状況，$5 \times 10^8 < T < 10^{12}$ K，を考えよう．ある一つの粒子が数密度 n_i の別の粒子と衝突または反応を起こすまでの平均寿命は $1/v\sigma n_i$ で与えられる．ここで v は注目している温度

における相対速度，σ は断面積である．上記の温度域でかつ条件式(3)が満たされ，$T = 10^9$ K における ρ_m が 10^{-10} g/cm^{-3} より大きければ，核子散乱，荷電粒子のクーロン散乱，光と荷電粒子のコンプトン散乱，電子・陽電子対生成などに関する平均寿命はすべて τ_T よりもはるかに短い．したがって，これらの粒子と光子は互いに熱力学平衡にあり，それぞれ温度 T のマクスウェル分布[†6]とプランク分布に従う．しかし，中性子と陽子の数密度およびニュートリノと反ニュートリノのエネルギー分布と数密度は例外であり，これらは反応率が極めて小さいベータ過程によって決定される．

　一つの重要な例として光子の対消滅に関する反応率を示しておこう．ここで注目しているような高温では，光子の対消滅によって膨大な量の電子・陽電子対が生成される

$$h\nu + h\nu' \to e^+ + e^-.$$

単位体積・単位時間当たりに作られる対の数は

$$\frac{dn_{\mathrm{pair}}}{dt} = \frac{1}{2c} \int\int d\Omega d\Omega' \int\int d\nu d\nu'$$
$$\times \frac{B(\nu)}{h\nu} \frac{B(\nu')}{h\nu'} \sin^2 \frac{\psi}{2} \sigma\left(h\nu^{1/2}\nu'^{1/2}\sin\frac{\psi}{2}\right),$$
$$B(\nu) = 2h\nu^3 c^{-2}(e^{h\nu/kT} - 1)^{-1},$$
$$\sigma(h\nu) = 2\pi \left(\frac{q_e^2}{mc^2}\right)^2 (2\theta C^{-2} + 2\theta C^{-4}$$
$$-\theta C^{-6} - SC^{-3} - SC^{-5}),$$

$$C = h\nu/mc^2 = \cosh\theta, \quad S = \sinh\theta.$$

ここで Ω は立体角，ψ は2つの光子の伝播方向がなす角，σ はブライトとホイーラーによって求められた断面積である[*3]．簡単な計算の後，

$$\frac{dn_{\mathrm{pair}}}{dt}$$

$$\approx \pi c \left(\frac{q_e^2}{mc^2}\right)^2 \left(\frac{kT}{hc}\right)^6 \qquad (6)$$

$$\times \begin{cases} 8\pi^3 \left(\dfrac{mc^2}{kT}\right)^3 e^{-2mc^2/kT}, & (kT \ll mc^2), \\[3mm] \dfrac{8\pi^6}{9} \left(\dfrac{mc^2}{kT}\right)^2 \left(\log\dfrac{2kT}{mc^2} - 1\right), & (kT \gg mc^2), \end{cases}$$

を得る．平衡状態が実現するまでにかかる時間スケールは $n_{\mathrm{pair,eq}}/\dfrac{dn_{\mathrm{pair}}}{dt}$ で評価できる．ここで $n_{\mathrm{pair,eq}}$ は以下の式 (7) で与えられる平衡状態における電子・陽電子対の数密度であり，この時間スケールは τ_T に比べて十分短いことがわかる[†7]．したがって，電子対は宇宙の温度変化から遅れることなく輻射場と平衡状態にあるということがわかる．

電子と陽電子の数密度は統計力学から

$$n_{e\mp} = \frac{8\pi}{h^3} \int_0^\infty e^{\pm\lambda - \frac{E}{kT}} p^2 dp$$

$$= 8\pi \left(\frac{kT}{hc}\right)^3 x^2 K_2(x) e^{\pm\lambda} \qquad (7)$$

ここで $K_2(x)$ は

$$K_n(x) = \frac{\pi i}{2} e^{n\pi i/2} H_n^{(1)}(ix)$$

$$\approx \begin{cases} \left(\dfrac{\pi}{2x}\right)^{1/2} e^{-x} \left(1 + \dfrac{4n^2-1}{8x} + ...\right), & (x \gg 1), \\[3mm] \dfrac{1}{2} \left(\dfrac{(n-1)!}{(x/2)^n} - \dfrac{(n-2)!}{(x/2)^{n-2}} + ...\right), & (x \ll 1), \end{cases}$$

$$\tag{8}$$

であり，$x = mc^2/kT$ とした[†8]．λ の値は宇宙の電荷密度の和がゼロであることを要請することで決まる．すなわち，$n_{e^-} - n_{e^+} = n_p$，ここで n_p は陽子の数密度であり，ここから

$$\lambda = \sinh^{-1}\left\{ n_p / 16\pi \left(\frac{kT}{hc}\right)^3 x^2 K_2(x) \right\} \tag{9}$$

を得る．われわれが考えている状況では，λ は常に 1 よりも十分小さい．したがって電子・陽電子の縮退は無視できることが確かめられた．

§3　ベータ過程の反応率

　ベータ崩壊に関するフェルミの理論によれば，エネルギー的に許されるなら，式(1a)，(1b)，(1c)で与えられる中性子を陽子に変換する反応とその逆反応が起こる．以下ではニュートリノと反ニュートリノのエネルギー分布はそれらの数

密度を除いてマクスウェルの法則に従うと仮定する[†9]. この仮定は以下のことから正当化されるだろう. 10^{12} K よりも高温では, ニュートリノは中間子を介する反応を通じて熱力学平衡にあるべきであり, 膨張宇宙における相対論的粒子の運動論から初期にマクスウェル分布に従う粒子は, もしもその数が保存するなら, その後もマクスウェル分布に従うべきである. また後で示すように, われわれが考えているような宇宙では, ニュートリノと反ニュートリノの数は核子に比べて莫大だと考えて差し支えないため, 核子との反応によるニュートリノ数の変化は小さい. したがって, エネルギー分布は

$$n_{\nu,a\nu}(E)dE = \frac{n_{\nu,a\nu}}{2(kT)^3} e^{-E/kT} E^2 dE, \qquad (10)$$

と表現される[†10]. ここで n_ν と $n_{a\nu}$ はそれぞれの cm^3 当たりの数であり, ニュートリノは質量をもたないと仮定した.

反応(1a), (1b), (1c)が単位時間・単位体積当たりに起こる回数は, 左と右に向かう反応それぞれ, $An_p n_{a\nu}$, $A'n_n n_e^+$; $Bn_p n_e^-$, $B'n_n n_\nu$; $Cn_p n_e^- n_{a\nu}$, $C'n_n$ と書ける. 特に C' は中性子の崩壊定数である. $An_p n_{a\nu}$ は以下のように計算することができる[*4]. 今, エネルギー E をもつ反ニュートリノが単位時間当たりに陽子に捕獲される確率は[†11]

$$w_{a\nu}(E) = (g^2 n_p/2\pi\hbar^4 c^3)cp_+E_+, \qquad (11\text{a})$$

$$E_+ = (m^2c^4 + c^2p_+^2)^{1/2} = E - Q,$$

$$Q = M_n c^2 - M_p c^2, \qquad (12)$$

で与えられる．ここで g はフェルミ定数であり，E_+ は生成される陽電子のエネルギーである．したがって，式(10)で与えられる $n_{a\nu}(E)$ を使えば

$$An_p n_{a\nu} = \int_{Q+mc^2}^{\infty} w_{a\nu}(E)n_{a\nu}(E)dE, \qquad (13\text{a})$$

を得る．$A'n_n n_e^+$ についても同様に

$$w_{e^+}(E) = (g^2 n_n/2\pi\hbar^4 c^3)E_{a\nu}^2, \qquad (11\text{a}')$$

$$E_{a\nu} = E + Q,$$

$$A'n_n n_{e^+} = \int_{mc^2}^{\infty} w_{e^+}(E)n_{e^+}(E)dE, \qquad (13\text{a}')$$

と求められ，$n_{e^+}(E)$ は式(7)で与えられる．同様にして B と B' も求めることができる：

$$w_{e^-}(E) = (g^2 n_p/2\pi\hbar^4 c^3)E_\nu^2,$$

$$E_\nu = E - Q, \tag{11b}$$

$$Bn_p n_{e^-} = \int_Q^\infty w_{e^-}(E)n_{e^-}(E)dE, \tag{13b}$$

$$w_\nu(E) = (g^2 n_n/2\pi\hbar^4 c^3)cp_- E_-, \tag{11b'}$$

$$E_- = E + Q,$$

$$B'n_n n_\nu = \int_0^\infty w_\nu(E)n_\nu(E)dE. \tag{13b'}$$

C と C' を計算するために，便宜的に反ニュートリノをニュートリノの負エネルギー状態の空孔として

$$n + \nu^* \leftrightarrow p + e^-$$

という反応を考えよう．ここで $*$ は負エネルギー状態を表す．エネルギー E をもつ電子が単位時間当たりに陽子に捕獲される確率は

$$w_{e^-}(E) = (g^2 n_p/2\pi\hbar^4 c^3)E_{\nu*}^2$$

$$\times \frac{n_{a\nu}}{2(kT)^3}e^{-E_{a\nu}/kT}E_{a\nu}^2 \bigg/ \frac{8\pi}{h^3 c^3}E_{a\nu}^2 , \tag{11c}$$

$$E_{\nu*} = -E_{a\nu} = E - Q < 0,$$

ここで式(11c)に現れる最後の因子は $E_{\nu*}$ をもつ負エネルギー状態が占有されていない確率，つまり正エネルギー $E_{a\nu}$ をもつ反ニュートリノが存在する確率である．したがって，

われわれは

$$Cn_p n_{e^-} n_{a\nu} = \int_{mc^2}^{\infty} w_{e^-}(E) n_{e^-}(E) dE \qquad (13c)$$

を得る. 逆反応に関する C' は詳細つり合いの原理を用いて C から求めることができるが, 直接

$$w_{\nu*}(E^*) = (g^2 n_n / 2\pi \hbar^4 c^3) cp_- E_-,$$

$$E_- = Q + E^* = Q - E_{a\nu}, \qquad (11c')$$

$$Cn_n = \int_{mc^2-Q}^{0} w_{\nu*}(E^*)(8\pi/h^3 c^3)$$

$$\times E^{*2} dE^* \qquad (13c')$$

と書き下すことができる. ここで, $(8\pi/h^3 c^3) E^{*2}$ は負エネルギー状態の状態密度である.

以上より, A や A' などの各反応係数を温度のみの関数として求めることができた:

$$A = \frac{1}{\tau_0} \frac{1}{8\pi} \left(\frac{hc}{kT}\right)^3 \frac{1}{2} e^{-qx} \alpha(x),$$

$$A' = \frac{1}{\tau_0} \frac{1}{8\pi} \left(\frac{hc}{kT}\right)^3 \frac{1}{x^2 K_2(x)} \alpha(x), \qquad (14a)$$

$$B = \frac{1}{\tau_0} \frac{1}{8\pi} \left(\frac{hc}{kT}\right)^3 \frac{1}{x^2 K_2(x)} e^{-qx} \beta(x),$$

$$B' = \frac{1}{\tau_0} \frac{1}{8\pi} \left(\frac{hc}{kT}\right)^3 \frac{1}{2} \beta(x), \qquad (14b)$$

$$C = \frac{1}{\tau_0} \frac{1}{8\pi} \left(\frac{hc}{kT}\right)^3 \frac{1}{x^2 K_2(x)} \frac{1}{8\pi} \left(\frac{hc}{kT}\right)^3 \frac{1}{2} e^{-qx} \gamma,$$

$$C' = \frac{1}{\tau_0} \gamma, \tag{14c}$$

ここで,

$$q = Q/mc^2, \qquad \tau_0 = 2\pi^3 \hbar^7 / g^2 m^5 c^4, \tag{15}$$

$$\alpha(x) = \int_1^\infty e^{-xy} (y+q)^2 (y^2-1)^{1/2} y \, dy,$$

$$= \frac{3K_3(x)}{x^2} + \frac{K_2(x)}{x} + 2q \left(\frac{3K_2(x)}{x^2} + \frac{K_1(x)}{x} \right)$$

$$+ q^2 \frac{K_2(x)}{x},$$

$$\approx \begin{cases} 24x^{-5} \left(1 + \dfrac{qx}{2} + \dfrac{q^2 x^2}{12} \right) \\[2mm] \qquad - x^{-3} \left(1 + qx + \dfrac{q^2 x^2}{2} \right) + \dots, \quad (x \ll 1), \\[3mm] (\pi/2)^{1/2} (1+q)^2 x^{-3/2} e^{-x} + \dots, \quad (x \gg 1); \end{cases}$$

$$\tag{16a}$$

$$\beta(x) = \int_0^\infty e^{-xy} \left[(y+q)^2 - 1 \right]^{1/2} (y+q) \, y^2 \, dy,$$

$$\approx \begin{cases} 24x^{-5} \left(1 + \dfrac{qx}{2} + \dfrac{q^2 x^2}{12} \right) - x^{-3} + \dots, \quad (x \ll 1), \\[3mm] 2q(q^2-1)^{1/2} x^{-3} + \dots, \quad (x \gg 1), \end{cases}$$

$$\tag{16b}$$

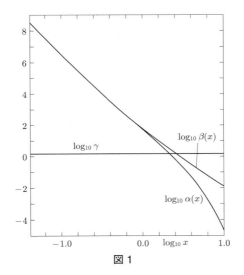

図 1

$$\gamma = \int_1^q (q-y)^2 (y^2-1)^{1/2} y dy. \qquad (16c)$$

$q = 2.5$ とした場合，γ は 1.51 であり，$\alpha(x)$ と $\beta(x)$ の計算結果は図 1 に示した通りである．

§4 膨張宇宙における反応

膨張もしくは収縮する宇宙における中性子，陽子，ニュートリノ，反ニュートリノの数密度の時間発展は以下の方程式

で与えられる。ここでは二つの場合について考える[†12]：(i) ニュートリノと反ニュートリノが，例えば磁気モーメントによって，物理的に区別可能な場合．(ii)ニュートリノと反ニュートリノが同一である場合．つまり，ベータ崩壊のハミルトニアンがニュートリノと反ニュートリノに関して対称である場合．

(i)の場合，2つの方程式

$$\frac{d}{dt}\left(\frac{\dot{n}_p}{\rho_m}\right) = \frac{1}{\rho_m}(-An_pn_{a\nu} + A'n_nn_{e+} - Bn_pn_{e-}$$
$$+ B'n_nn_\nu - Cn_pn_{e-}n_{a\nu} + C'n_n),$$
$$\frac{d}{dt}\left(\frac{n_\nu}{\rho_m}\right) = \frac{1}{\rho_m}(Bn_pn_{e-} - B'n_nn_\nu), \qquad (17.1)$$

と2つの条件

$$(n_p + n_n)/\rho_m = 1/M,$$
$$(n_p + n_\nu - n_{a\nu})/\rho_m = \text{constant} \qquad (18.1)$$

によって濃度は決定され，時間 t と温度 T の関係は式(2)と(4)で与えられる．

(ii)の場合，これらの方程式は

$$\frac{d}{dt}\left(\frac{1}{\rho_m}\left\{\begin{array}{c} n_p \\ n_\nu \end{array}\right\}\right) = \frac{1}{\rho_m}(-An_pn_\nu + A'n_nn_{e+}$$

$$\mp Bn_pn_{e-} \pm B'n_nn_\nu - Cn_pn_{e-}n_{a\nu} + C'n_n) \tag{17.2}$$

であり，上下の符号はそれぞれ n_p と n_ν に対応し，

$$(n_n + n_p)/\rho_m = 1/M. \tag{18.2}$$

という条件が課される．

　いま，2つの無次元量

$$y = \frac{n_p - n_n}{n_p + n_n}, \qquad z_{a\nu}^\nu = n_{a\nu}^\nu/16\pi\left(\frac{kT}{hc}\right)^3 \tag{19}$$

を導入し，式(7)を用いれば上記の方程式は，(i)の場合，

$$\tau_0\frac{dy}{dt} = \alpha(x)\{(1-y)e^{-\lambda} - (1+y)z_{a\nu}e^{-qx}\}$$
$$+ \beta(x)\{(1-y)z_\nu - (1+y)e^{\lambda-qx}\}$$
$$+ \gamma\{(1-y) - (1+y)z_{a\nu}e^{\lambda-qx}\} \tag{20.1}$$

$$R\tau_0\frac{dz_\nu}{dt} = -\beta(x)\{(1-y)z_\nu - (1+y)e^{\lambda-qx}\},$$
$$z_{a\nu} - z_\nu = (y+1)/R + z_c, \tag{21.1}$$

と書ける．ここで z_c は初期条件によって決まる定数である．

　(ii)の場合は，

$$\tau_0 \frac{dy}{dt} = \alpha(x)\{(1-y)e^{-\lambda} - (1+y)ze^{-qx}\}$$
$$+\beta(x)\{(1-y)z - (1+y)e^{\lambda-qx}\}$$
$$+\gamma\{(1-y) - (1+y)ze^{\lambda-qx}\}, \qquad (20.2)$$

$$R\tau_0 \frac{dz}{dt} = \alpha(x)\{\cdots\} - \beta(x)\{\cdots\} + \gamma\{\cdots\},$$
$$R = \frac{2M}{\rho_m} 16\pi \left(\frac{kT}{hc}\right)^3 = \frac{15}{4\pi^4} \frac{\rho_r}{\rho_m} \frac{Mc^2}{kT}, \quad (22)$$

となる．最後の R は光子（もしくは，後で示すようにニュートリノと反ニュートリノ）と核子の数密度比であり，条件(3)を満たすような宇宙では非常に大きい量である．次節ではこの量の逆数を微小量として扱うことで，これらの方程式が線形方程式に簡略化できることを示そう．

§5 N-P 比に関する解

まず平衡状態を考えよう．宇宙の温度変化がベータ過程に比べて十分遅い場合，すべての粒子のエネルギー分布と数密度は各時刻の温度と密度に応じた平衡値をとる．すなわち，すべての過程に対して詳細つり合いが成り立つため，式(20.1)と(20.2)の右辺の波括弧の中はすべて打ち消し合う．したがって，(i)の場合，

$$n_n/n_p \equiv (1-y)/(1+y) = e^{\lambda - Q/kT}/z_\nu,$$

$$z_\nu \cdot z_{a\nu} = 1 \quad z_{a\nu} - z_\nu = (1+y)/R + z_c, \qquad (23.1)$$

が得られる．ここでニュートリノの空孔理論では $n_{a\nu}$ は負エネルギー状態の空孔数であったこと，またわれわれが問題にしているのは，$0 \leq (1+y)/R \leq 2/R \ll 1$ という状況であることを思い出せば，$z_{a\nu}$ と z_ν はどちらも 1 より小さくなれないことから，$z_c \approx 0$ と仮定して $z_{a\nu} \approx z_\nu$ とすることが自然のように思われる．よって式(23.1)は

$$n_n/n_p \equiv (1-y)/(1+y) = e^{\lambda - Q/kT}, \quad z = 1,$$

のように簡略化される．

　一般的な方程式(20.1)と(20.2)を解く上で，$\lambda = 0$ としても差し支えない．その理由は，$T = 10^9$ K において，ρ_m としてわれわれが想定している上限値 1 g/cm³ をとったとしても式(9)からわかるように，λ の値は 2×10^{-4} よりも小さいためである．また(i)の場合 $z_\nu = z_{a\nu}(=z)$ を採用するが，後で示すように，ニュートリノが過去に一度でも平衡状態にあったとすれば，これらの値はほとんど時間変化しないことがわかる．したがって，これらの式と図1より，ある高い温度($x < 1$)において，y と z が大きく変化する時間スケールはそれぞれ

$$\tau_y = \tau_0/\alpha(x), \qquad \tau_z = R\tau_0/\alpha(x) \qquad (24)$$

と評価できる．これらが共に式(5)で与えた τ_T に比べて小さいような温度領域では，上で議論した平衡状態が初期値に依らず直ちに実現されるだろう．そのような温度領域は，

$$1/x \equiv kT/mc^2 \gtrsim 2 \times R^{1/3}, \qquad (25)$$

である．また 10^{12} K よりも高温では，z は核子より多く存在する中間子(光子と同程度の数)を介して極めて速く平衡値に達すると考えるべきである．

　一般的な方程式(20.1)と(20.2)を解くにあたって，$z=1$(平衡値)を採用してよいことを示しておこう．y と z を $1/R$ に関して展開すると，

$$\begin{aligned} y &= y_0 + y_1/R + y_2/R^2 + \cdots, \\ z &= z_0 + z_1/R + z_2/R^2 + \cdots, \end{aligned} \qquad (26)$$

式(20.1)や(20.2)の $1/R$ について同じ冪をもつ項を比べると，まず

$$dz_0/dt = 0, \qquad (27)$$

が得られ，$z=1$ を代入すると，

$$\begin{aligned} &\tau_0 dy_0/dt \\ &= -[y_0 - \tanh(qx/2)](1+e^{-qx})(\alpha+\beta+\gamma), \quad (28) \end{aligned}$$

$$\tau_0 dz_1/dt = [y_0 - \tanh(qx/2)](1 + e^{-qx})$$

$$\times \begin{cases} \beta, & \text{(i) の場合}, & (29.1) \\ (\beta - \alpha - \gamma), & \text{(ii) の場合}, & (29.2) \end{cases}$$

$$\tau_0 dy_1/dt = -y_1(\alpha + \beta + \gamma)(1 + e^{-qx})$$
$$+ z_1\{\beta(1 - y_0) - (\alpha + \gamma)(1 + y_0)e^{-qx}\},$$
$$(30)$$

といった方程式を得る．われわれが興味のあるような R が
とても大きい場合，上記の展開はとても良い近似である．こ
のことは，条件 (3) を満たす宇宙において，ニュートリノと
反ニュートリノの数— $z = 1$ の場合は光子数とだいたい同程
度—が核子の数よりも極めて大きい状況に対応する．した
がって，n-p 比は線形方程式 (28) によってほぼ完全に決定さ
れ，(i) と (ii) の 2 つの場合で本質的な違いは現れないことが
わかる．

時刻 t と温度 x の間の正確な関係を得るためには，光子
に加えてニュートリノ対と電子対を質量密度に取り入れなけ
ればならない．これらは式 (10) と (7) から

$$\rho_{a\nu}^{\nu} = \frac{1}{c^2} \int \frac{n_{a\nu}^{\nu}}{2(kT)^3}$$
$$\times e^{-E/kT} E^3 dE = \frac{48\pi}{c^2} \frac{(kT)^4}{(hc)^3} z_{a\nu}^{\nu}, \qquad (31)$$

$$\rho_e^{\mp} = \frac{8\pi}{(hc)^3} \int e^{\pm\lambda - E/kT} E p^2 \, dp,$$

$$= \frac{48\pi}{c^2} \frac{(kT)^4}{(hc)^3} e^{\pm\lambda} J(x), \tag{32}$$

ここで

$$J(x) = x^3 \left(\frac{K_3(x)}{8} + \frac{K_1(x)}{24} \right),$$

$$= \begin{cases} 1 - \dfrac{x^2}{12} + ..., & (x \ll 1), \\[2mm] \left(\dfrac{\pi}{2} \right)^{1/2} x^{5/2} e^{-x} \left(\dfrac{1}{6} + \dfrac{9}{16x} + ... \right), & (x \gg 1), \end{cases} \tag{33}$$

n-p 比が主に $x \ll 1$ の領域で決まるという性質を利用して，以降，$J(x) = 1$ とし，これまで同様 $\lambda = 0$ と近似する．したがって，質量密度[†13] は

$$\rho = (1+r)aT^4/c^2, \tag{34}$$

$$r = \begin{cases} 4 \times 90/\pi^4 & \text{(i) の場合,} \tag{35.1} \\ 3 \times 90/\pi^4 & \text{(ii) の場合.} \tag{35.2} \end{cases}$$

この質量密度から，式(2)と(4)から温度と時間の間の関係

$$x^2 = \frac{|t|}{t_m},$$

$$t_m = \frac{1}{2}\left(\frac{k}{mc^2}\right)^2\left\{\frac{8\pi}{3}\frac{Ga}{c^2}(1+r)\right\}^{-1/2} \tag{36}$$

$$= 6.6(1+r)^{-1/2}\,\mathrm{sec}.$$

を得る. これを用いて式(28)を y の添字を省略して書き直せば,

$$\frac{dy}{dx} = \pm\frac{2t_m}{\tau_0}x(1+e^{-qx})$$
$$\times(\alpha(x)+\beta(x)+\gamma)(\tanh\frac{qx}{2}-y),\quad t \lessgtr 0, \tag{37}$$

となる. この方程式の一般解は

$$f(x) = \frac{2t_m}{\tau_0}\int_{x_0}^{x}(1+e^{-qx})(\alpha(x)+\beta(x)+\gamma)x\,dx, \tag{38}$$

で定義される任意の x_0 を含む関数を用いると, $t<0$, すなわち宇宙が収縮する場合,

$$y(x) = y_-(x) + Ae^{f(x)},$$
$$y_-(x) = e^{f(x)}\int_x^{\infty}e^{-f(x)}\frac{df(x)}{dx}\tanh\frac{qx}{2}\,dx, \tag{39}$$

$t>0$, すなわち宇宙が膨張する場合,

$$y(x) = y_+(x) + Be^{-f(x)},$$

$$y_+(x) = e^{-f(x)} \int_0^x e^{f(x)} \frac{df(x)}{dx} \tanh \frac{qx}{2} \, dx, \quad (40)$$

とそれぞれ書き下すことができる[†14]．ここで A と B は任意の定数，y_- と y_+ は全域で有限な特解であり，無限遠で1に，原点で $\tanh(qx/2)$，つまり平衡解に漸近する．

$q = 2.5$ と $\tau_0/\gamma = 30$ min，r を式 (35.2) の下で与えた場合に数値計算を行った[†15]．ここで式 (35.1) と (35.2) の2つの場合の違いは中性子の寿命の不定性の大きさから言って，ほとんど結論に影響しない．図2に数値結果と平衡解 $y_{\mathrm{eq}} = \tanh(qx/2)$ を示した．領域 $x \lesssim 0.1$ では，一般解はそれぞれ急速に y_- と y_+ に近づく．したがって，$t > 0$ の場合，低温での n-p 比は初期値の選び方とはまったく無関係に決まると言ってよい．温度が低下するに従って，反応に寄与できるほど高いエネルギーをもつ軽い粒子の数が減少するため，誘発ベータ過程の反応率，つまり $\alpha(x) + \beta(x)$ の値，が大幅に低下する．その結果，n-p 比が平衡解から外れることがわかる（凍結が起こる）．一般解が平衡解から大きく外れ始める x の値は，式 (24) と (5) で与えられる $\tau_y = \tau_T$ となるような x に対応し，今の場合，$x \approx 0.5$ である．$x > 3$ の領域では γ が $\alpha(x) + \beta(x)$ よりも大きいため自由中性子の崩壊が主要なベータ過程となる．

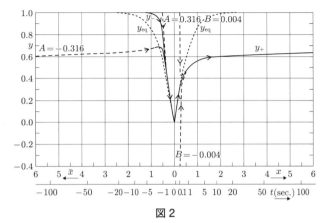

図2

n-p 比を $x \equiv mc^2/kT$ と宇宙年齢 t の関数で表した. 点線は
平衡解 $y_{\rm eq} = \tanh(qx/2)$ を, 破線は一般解 $y_- + Ae^{f(x)}$ と
$y_+ + Be^{-f(x)}$ を表す. ここで式(38)の中の任意の定数 x_0 と
して 1 をとった.

§6 結論

$\rho_r > \rho_m$ のような宇宙で元素が存在できないほど高温な状
態では, n-p 比は図2に示した曲線を辿る. もし既知の物理
法則が微視的にも巨視的にも少なくとも $\sim 2 \times 10^{10}$ K まで
正しければ, 元素合成が始まる時刻において, つまり $x \gtrsim 1$
での n-p 比はおよそ $1:4$ となる. この帰結はより高温の物
理状況, 特に $t = 0$ の特異点があるかもしれないような極限

的状況がいかなるものだとしても成立する.

　よく知られているように現在の宇宙では水素とヘリウムが物質の 97% を占めている. もし He^4 よりも重い元素の生成が無視できて, $n \rightarrow p+e^-$, $p+p \rightarrow H^2+e^+$, $H^3 \rightarrow He^3 + e^-$ のようなベータ過程を介する反応—密度が極端に低くない限りガンマ崩壊など他の原子核反応に比べこれらの反応は十分遅い—が元素合成に影響を及ぼさないとすれば, He^4 は初期の中性子と陽子から合成されるため, 結局 $2n+2p \rightarrow He^4$ のようになる. これは以下に挙げるどんな反応経路を辿ろうとも正しい: $n+p \rightarrow H^2$, $H^2+H^2 \rightarrow H^3+p$, $H^3 + H^2 \rightarrow He^4+n$, または $n+p \rightarrow H^2$, $H^2+n \rightarrow H^3$, $H^3+p \rightarrow He^4$. したがって, 最終的な水素とヘリウムの組成比(数比)は n-p 比が $1:4$ ならば $6:1$ となり, これは星の大気や隕石から得られた最近の観測値 $5:1$ から $10:1$ と一致する.

　ガモフは中性子のみからなるイレムから宇宙が始まったと考えたが, フェルミとターケビッチによって示されたように[*5, †16], 質量数 5 と 8 の原子核が不安定であるため, ガモフらの初期条件でこれらの質量数を超えて重い原子核を生成することは困難である. しかし, 最初から中性子と陽子が共存する状況を考えると, 高温下では陽子, 重陽子, 三重陽子, ヘリウムが軽元素に捕獲される確率が上がる可能性があるため, この問題が緩和されるかもしれない. この推論と上で述べた水素・ヘリウムの組成比に関する結論から, 宇宙初期における軽元素の合成—少なくとも C^{12} まで—について

今後より詳細な計算をすることが推奨される．これに関連して，元素合成過程，特に重水素の生成をより正確に計算するためには，高温で大きい数密度をもつ光子によって引き起こされる逆反応 $A_z + n \leftarrow (A+1)_z + h\nu$ を考慮する必要があることを指摘しておく．

　最後に，本論文を執筆するにあたって本研究に興味をもち有益な助言をしていただいた湯川秀樹博士，数々の助言と提案をしていただいたジョージ・ガモフ博士，また激励していただいた白金善作博士に深い感謝の意を表したい．

原　注

*1　R. A. Alpher and R. C. Herman, *Phys. Rev.* **75**, 1089, (1949) に引用されている文献を参照．

*2　R. Tolman, *Relativity, Thermodynamics and Cosmology*, (Oxford, Clarendon Press. 1934)

*3　G. Breit and J. A. Wheeler, *Phys. Rev.*, **46**, 1087, (1934).

*4　G. Gamow and M. Schönberg, *Phys. Rev.* **59**, 537, (1941).

*5　G. Gamow, *Rev. Mod. Phys.*, **21**, 267, (1949).

訳　注

†1　イレム (*ylem*) とは現在では使われなくなった名詞であり，元素を生んだ始原物質という意味である．アルファーがこの単語を調べてビッグバン宇宙論に持ち込み，ガモフが好んで使っていた言葉であったと伝えられている．

†2 ベータ過程とは，ベータ線を放出するベータ崩壊に代表される陽子，中性子，(陽)電子，(反)ニュートリノの間に起こる反応の総称である．

†3 ニュートリノ・反ニュートリノとは，素粒子のうち電荷をもたないレプトン・反レプトンである．

†4 ここで a は輻射密度定数と呼ばれ，$a = 8\pi^5 k^5 / 15 c^3 h^3$ である．ここで k はボルツマン定数，h はプランク定数，c は光速度である．

†5 比較のために具体的な時間スケールを与えておこう．10^9 K のとき $\tau_T \approx 500$ sec である．

†6 電子・陽電子は量子的な効果まで取り入れると，厳密にはマクスウェル分布ではなくフェルミ-ディラック分布に従う．つまり，分布関数は $g \exp[\pm\lambda - E/kT]$ ではなく，$g/(\exp[(E/kT \mp \lambda)]+1)$ である．ここで g は自由度である．

†7 具体的には，$T = 10^9$ K において $n_{\mathrm{pair,eq}} / \dfrac{dn_{\mathrm{pair}}}{dt} \sim 0.1$ sec である．

†8 $K_n(x)$ は第 2 種の変形ベッセル関数，$H_n^{(1)}(ix)$ は第 1 種ハンケル関数である．

†9 ニュートリノ・反ニュートリノは厳密にはマクスウェル分布ではなくフェルミ-ディラック分布に従う．

†10 本論文ではニュートリノと反ニュートリノそれぞれに電子と同様にスピン自由度 2 をもたせている．しかし，本論文の出版後に明らかになるのだが，弱い相互作用で物質と反応するのは左巻きニュートリノ(右巻き反ニュートリノ)だとわかっている．したがって，現在の理解ではディラックタイプの場合，ニュートリノ・反ニュートリノの自由度はそれぞれ 1 をもつ．

†11 ニュートリノと電子はフェルミ粒子であるため，ここで

扱うようにニュートリノと電子が空間を満たしている場合，すでに占有されている位相空間を除く必要があるが，ここでは取り入れられていない．

†12　この2つの場合分けは，(i)は粒子・反粒子の区別があるディラックタイプのニュートリノ，(ii)は区別のないマヨラナタイプのニュートリノに対応している．ニュートリノのタイプについてはわかっておらず，今もなお素粒子物理学の最先端のテーマの一つである．

†13　ある温度をもつニュートリノと電子の質量密度を正確に求めるためには，マクスウェル分布ではなく，フェルミ–ディラック分布を用いるべきである．現在の理解を以下に記しておく．ニュートリノがフェルミ粒子（左巻きのみ）であることから，光子1個に対してニュートリノの有効粒子数が $7/8$ である．つまりニュートリノと反ニュートリノが異なる粒子であるとき，ニュートリノの全有効粒子数は $7/4$ となる．電子・陽電子は，質量が無視できるような高温（$x \ll 1$）では，右巻きを加えて有効粒子数が $7/2$ である．さらに本論文では電子タイプのニュートリノしか登場しないが，ミュータイプ，タウタイプが存在し，ニュートリノは3世代あることが知られている．したがって，これらを考慮すると $r = 35/8$ となる．この差によって宇宙の温度と年齢の関係が少し変更を受けるが，当時の中性子の寿命の不定性に比べれば十分小さいと言える．

†14　第2式左辺は原著論文では $y_-(x)$ とあるが，$y_+(x)$ が正しい．

†15　この崩壊定数の値を半減期に直すと20.8分である．半減期の最新の値は10.3分であり，ちょうど2倍大きな値を使っていることになる．これはこの論文で使っているフェルミ定数が実際よりも小さいことに対応し，最新の値を

　用いれば，n-p 比が平衡から外れる時期が少し遅れ，その結果，実際の n-p 比は $1:4$ ではなく，およそ $1:6$ となる.

†16　G. Gamow, *Rev. Mod. Phys.*, **21** (1949), 267 で，宇宙は中性子から始まったのは不自然であり，平衡値を考えれば元素合成開始時に n-p 比は $1:1$ よりも陽子が多い状況であると述べられている.

第 VI 章
宇宙マイクロ波背景輻射の発見

論文解説

高田昌広

1 はじめに

宇宙マイクロ波背景輻射(以後 CMB)は前章で議論された熱い火の玉宇宙の名残りであり，その観測的発見はビッグバン軽元素合成と並んで現在の宇宙論の基盤となる観測結果である．また，CMB の発見がブレークスルーになり，その後急激に宇宙論の理論的，観測的研究が進展し，インフレーション，宇宙の構造形成という実験・観測に立脚した学問に成長した．CMB の発見にまつわるエピソードは興味深いので，以下に紹介したい．また，CMB の発見も含む宇宙論研究の歴史についてはピーブルスの回顧録[*1] が詳しいので，興味のある方はそちらも参照されたい．

2 宇宙マイクロ波背景輻射

論文の解説の前に CMB について簡単に説明する．熱平衡状態にある輻射(光子)のエネルギー分布は温度 T で一意的に決まり，統計力学からその状態数は

$$f(\nu, T) = \frac{1}{e^{h\nu/k_B T} - 1} \qquad (1)$$

で与えられる．ここで h はプランク定数，ν は光子の振動数，k_B はボルツマン定数である．このとき，振動数 ν まわ

りの単位振動数当たりの輝度はプランク分布 $B(\nu, T)$ $= (2h\nu^3/c^2)f(\nu, T)$ で与えられる(c は光の速さである）．宇宙の膨張により CMB の温度が下がり，陽子と電子が結合し，水素原子が作られた時期（宇宙の晴れ上がり時）の後は宇宙は電気的にほぼ中性になり，CMB 光子は宇宙空間を自由に伝播する．膨張する宇宙では，赤方偏移の効果で光子の波長（$\lambda \equiv c/\nu$）は $1/a(t)$ で伸びる（$a(t)$ は第 II 章で解説した宇宙膨張のスケールファクター）．ここで光子は生成も消滅もしないので，状態数は保存することになる．このため，宇宙が CMB で満たされている場合，現在の宇宙では光子が熱平衡状態になくても，見かけ上は温度が T_0 のプランク分布に見えることになる．これがペンジアスとウィルソンの見つけた現宇宙の CMB であり，初期宇宙が「熱平衡状態」にあった光子で満たされていた，つまりビッグバン宇宙の観測的証拠を与える．

3 論文に関する解説と歴史的背景

1946 年，1948 年のガモフらの論文（第 V 章参照）により，宇宙が熱的な輻射で満たされている可能性があるという予言が発表された．しかし，当時は研究者のあいだでも宇宙が「ビッグバン」（大爆発）から始まったというシナリオを受け入れるのには抵抗があり，宇宙は過去から未来永劫まで変わらないというホイルらの定常宇宙論が支持されていた．このことは，1965 年の CMB 発見の論文発表前までにガモ

フ論文を引用した論文は 10 編にも満たない[*2] ことからもわ
かる．この時代背景の下，1960 年代前半に，偶然にも異な
るグループが CMB，ビッグバン宇宙論の研究に取りかか
り，宇宙論の研究の歴史を大きく動かすことになる．この章
で紹介する論文は 1965 年に同時に発表された 2 つの CMB
に関する論文である．一つは，ペンジアスとウィルソンの
「4080Mc/s[*3] におけるアンテナ超過温度の測定」であり，
CMB の発見，測定結果を報告した論文である．もう一つ
は，ディッケ，ピーブルス，ロール，ウィルキンソンの「宇
宙黒体輻射」であり，測定された CMB の理論的解釈を与
える論文である．この業績によりペンジアスとウィルソンは
1978 年にノーベル物理学賞を受賞する．

4　ペンジアスとウィルソンの CMB 発見

　ウィルソン（Robert W. Wilson: 1936-）はカリフォルニ
ア工科大学で天文学の学位を取得した天文学者である．その
博士論文の研究は，波長 31 cm での電波観測で天の川銀河
のマップを作り，明るい系外銀河，銀河系内ガスを電波で調
べた研究である．その後，米国ニュージャージー州ホルムデ
ルのベル研究所に就職し，天文学研究のための電波観測の研
究に着手する．ペンジアス（Arno A. Penzias: 1933-）はコ
ロンビア大学で修士号を取得した技術者であり，ベル研究所
でウィルソンとの研究に参加することになる．

　ウィルソンとペンジアスは，天文観測を目的として，論文

発表の 2 年前の 1963 年にベル研究所の口径約 6 m（20 フィート）のホーンアンテナを用い，波長 7.35 cm の検出器を用いた観測を始めた．ベル研究所のアンテナ望遠鏡は当時最大の望遠鏡ではなかったものの，感度が非常に良い検出器を備えていた[*4]．なお，電波観測ではアンテナ（望遠鏡）で受信した信号の強さをアンテナ温度（K）で表すのが通例であり，この論文でも信号あるいはノイズの強度はすべて温度で述べられている[*5]．

　ウィルソンとペンジアスは観測を開始してまもなくアンテナを天球のどこに向けても残る雑音（ノイズ）が存在することを見つけた．天文観測のために，まずこのノイズの除去に挑んだのである．当初はこれが宇宙から来ている信号，つまり CMB という考えは毛頭なく，アンテナ，受信器まわりなどの装置の不完全性から生じる雑音と考えていた．天球からの信号と装置からの雑音を区別するために，ウィルソンとペンジアスは，強度が既知の参照光源とアンテナからの信号を交互にスイッチして測定するシステムを開発していた．これが大きな利点であった．実はディッケらも CMB 検出のために同じ原理のスイッチシステム[*6] を開発している段階にあったが，ウィルソンらはすでにその較正システムを用いていたのである．

　望遠鏡が観測するアンテナ温度は，天球からの信号，地上・地球大気からのノイズ，また検出器まわりのノイズの和で与えられる．ウィルソンらは天頂方向の平均アンテナ温

度は 6.7 K であり，そのうち 2.3 K は地球大気からのノイズと見積もり，先行研究の結果と一致することも確認した．上述のスイッチシステムを用い，望遠鏡から検出器までの信号ロスによるノイズは 0.9 K 相当であることも確認した．つまり，アンテナをどこに向けても途切れることのない約 3.5 K のノイズ（本当は信号）がどうしても残ると結論した．1962 年に大気圏核実験があり，地球周りのヴァン・アレン帯の放射性物質からの輻射も検討したが，1 年の観測でも変化（ノイズの減衰）が見られなかったので，この可能性も棄却した．さらに有名なエピソードとして知られているが，ウィルソンらはアンテナ内部に住みついていた鳩を追い出し，その糞もきれいに清掃した．もちろん，正体不明のノイズはまったく変わらなかった．このようにウィルソンとペンジアスは，正体不明のノイズを取り除くために，考えられる，ありとあらゆる検証を行ったのである．

　論文発表の 1965 年春までの約 1 年間の測定を通し，ウィルソン，ペンジアスはこのノイズは自然から発生して，天球のあらゆる方向から来ていると結論した．しかし，その正体を突き止めることはできず，後に述べるように偶然な巡り合わせで，そのノイズが CMB とわかることになる．実は，ベル研究所の以前の測定でも正体不明のノイズの兆候は報告されていた[*7]．そのノイズの起源について，諦めることなく，徹底的に調べたウィルソン，ペンジアスの努力，執念により CMB の発見につながったと言えるだろう．

5　プリンストン大学のディッケのグループ

　ディッケ(Robert H. Dicke: 1916-1997)は，重力理論，原子物理学，宇宙論の分野，また電波受信技術の「ディッケ放射計」も開発した，多くの業績を挙げた研究者で，当時プリンストン大学物理学専攻の教授として重力グループを率いていた．ディッケは，CMB 論文発表の前年にあたる 1964 年に，重力グループの若手研究者であるロール，ウィルキンソン，ピーブルスとともに，ビッグバン宇宙の初期宇宙の物理状態を調べる研究，またその名残りと考えられる背景光(CMB)を観測するための研究を立ち上げた．ロール(Peter G. Roll: 1933-2020)とウィルキンソン(David T. Wilkinson: 1935-2002)は CMB を測定するための電波検出器を開発すること，ピーブルス(Phillip J. E. Peebles: 1935-)は CMB，膨張宇宙の物理を理論的に調べることが担当であった．実はディッケ自身が，1946 年[*8] に波長 1.5 cm の電波領域で観測を行い，背景ノイズの上限値を 20 K と導出している．

　ディッケらの論文「宇宙黒体輻射」(1965)では，当時の宇宙論の問題，研究，背景が簡潔によくまとめられている．ディッケらは，すでに膨張する宇宙を俯瞰的に捉え，宇宙の始まりの問題を指摘するところから議論を始めている．膨張する宇宙では，時間をどんどん遡れば，宇宙はどんどん小さくなり，古典物理が破綻する「特異点」に行きつく，という問題に直面する．ディッケ自身は，特異点を回避するために宇

宙が収縮, 膨張を繰り返しているという「輪廻(振動)する宇宙」のシナリオに傾倒していた. このシナリオでは, 前世の収縮する宇宙に存在していたはずの物質が, 現宇宙の始まりで陽子・中性子に分解するために熱い宇宙が存在したはずであると考えている. これらの理由で, ディッケらはガモフの理論に興味をもったようである.

6　「宇宙黒体輻射」論文

　「宇宙黒体輻射」の論文でも, 当時の観測結果に立脚した議論を展開している. 宇宙膨張を記述するフリードマン方程式(第 II 章参照)を仮定すれば, 初期宇宙の膨張則は CMB の温度で決まる. この論文では, ペンジアス, ウィルソンの発見した 3.5 K の CMB を仮定し, 以下の帰結を議論している.

　まず, 初期宇宙に $\sim 10^{10}$ K (0.5 MeV) 以上の高温の時代があった場合には, 光子, ニュートリノ, 電子, 陽子, 中性子がすべて熱平衡状態にあったこと. 宇宙の温度が $\sim 10^{10}$ K 程度まで冷えてくると, $\alpha\beta\gamma$ 論文(第 V 章参照)が指摘するように, 温度で決まる短い時間でヘリウムが生成された可能性があること[*9]. CMB の存在量が観測で決まっているので, ヘリウムの存在量は現在の物質(バリオン)の量で決まること. 当時の天文観測から示唆されていた, 全物質の質量比で 25 % のヘリウム存在量を説明するためには, 現在の物質の密度は 3×10^{-32} g cm^{-3} を超えてはいけないこと, で

ある．示唆された物質密度の値は，宇宙の「閉じた」「開いた」，あるいは「平坦な」モデルを決める臨界密度 $\rho_c \simeq 2 \times 10^{-29} h^2 \, \mathrm{g\,cm^{-3}}$ よりも約 600 倍も小さく，つまり現在の宇宙が開いた宇宙モデルに従うことを意味した[*10].

なお，最新の観測によるバリオンの量は臨界密度の約 20 分の 1 である．1 桁もの値の違いは，この論文では 2 世代のニュートリノしか考慮していなかったこと，中性子の寿命の値が正確でなかったこと，CMB の温度に違う値（正確な値は約 2.725 K）を仮定したことも原因であるが，一番は当時の元素合成の計算の精度が足りなかったためと考えられる．それでもビッグバン宇宙史の議論の本質を捉えていることには間違いない．

1965 年当時は宇宙論の研究の夜明け前なので，論文の議論にはジレンマが感じられる．CMB の存在が確認され，ビッグバン宇宙論が観測されているヘリウムの存在量を見事に説明できるものの，ディッケらはその帰結である「開いた」宇宙モデルを受け入れられないのである．この当時はダークマターの存在どころか，宇宙項の存在も考えられておらず，アインシュタインの理論が正しい限り，通常の物質（バリオン）だけでは自分らが信じる「輪廻する宇宙」に必要な閉じた宇宙を作れず，不自然だと主張し，問題を提起している．このため，ディッケら（おそらく主にディッケ）は自身が提唱していた一般相対論に代わるスカラー場が存在するスカラー・テンソル重力理論[*11] におけるスカラー場が，この輪廻

宇宙で重要な役割を果たすことを議論している．初期宇宙にスカラー場のエネルギーが輻射や物質のエネルギーを凌駕し，またスカラー場の圧力の項が重要になり，宇宙膨張も通常より速かったため，ヘリウムの生成が抑制されたのではないか，という議論である．

　しかし，この議論は定性的であり，数式も示されていないので，整合性が欠けていると言わざるをえない．スカラー・テンソル重力理論を支持する観測的証拠は未だないが，この議論はインフレーションでのスカラー場の役割を示唆するものであり，ディッケのグループがすでに初期宇宙でのスカラー場の役割に着目していたのは非常に興味深い．

　このように，CMB の大発見を捉えつつ，宇宙の始まり（ビッグバン）から俯瞰的，整合的な宇宙モデルを追い求める手探り感，もどかしさが感じられる良い論文である．なお，著者の一人のピープルスは，通常の物質は CMB 光子と相互作用するため，宇宙の晴れ上がり前までは物質分布の非一様性が成長できない，つまり銀河形成は晴れ上がり以降に起こったはずだという，膨張宇宙における銀河形成の問題にもすぐに着手している[*12]．このような考察から，その後ダークマターの必要性に到達したと考えられる．ピープルスは構造形成におけるダークマターの必要性を最初に指摘した研究者の一人である．

　このように，ディッケのグループは，この論文で CMB の存在に触れるだけでなく，すでにビッグバン宇宙の始ま

り（特異点）の問題，ヘリウム存在量，物質量の不足問題に触れており，その先見性，視点の大きさに感心する．

　補足であるが，ソビエト（現ロシア）の核兵器の開発に関わった，物理学者のゼルドビッチ（Yakov B. Zel'dovich: 1914-1987）も若手研究者らとともに 1960 年始めにガモフのビッグバン宇宙論の研究に取り組んでいる．CMB 発表前年の 1964 年にはゼルドビッチのグループのドロシュケビッチとノビコフ[*13] は，現 CMB の温度が１K 程度であれば，CMB が天の川銀河，系外銀河からの前景輻射よりも大きく，原理的に観測が可能であることを指摘している．しかし，この論文はロシア語で出版されており，当時はディッケらを含む欧米の研究者には気がつかれなかった．ゼルドビッチらのグループは，その後インフレーション，CMB ゆらぎの理論，構造形成などピーブルスらと並んで現代宇宙論に重要な貢献をした．ピーブルスの回顧録[*1] によれば，ディッケとゼルドビッチがやり取りをした形跡はなく，同時期にまったく独立にビッグバン宇宙論の研究を始めたのではないかと述べている．また，欧米から遠く離れた日本の林忠四郎の率いるグループもビッグバン軽元素合成，インフレーションなどの先駆的な研究を行っている．当時の時代背景が生んだ偶然かもしれないが，メールやインターネットのない時代に，20 世紀を代表する物理学者らが，それまで注目されていなかった宇宙論の重要問題に独立に着手している．偉大な物理学者の先見性には共通するものを見いだせるだろう．

7　CMB 発見に至る偶然

　上述したように，1965 年までにはペンジアス，ウィルソンは全天起源の 3.5 K の背景ノイズを発見していた．同時期にディッケのグループは CMB 観測の準備を整えつつあり，またグループの若手研究者であるピーブルスがビッグバン宇宙における CMB，またヘリウム元素合成の理論的研究を進めていた．

　論文発表の年である 1965 年 2 月にピーブルスはメリーランド州のジョンズ・ホプキンス大学の談話会に招待された．ピーブルスの回顧録によれば，この談話会はジョンズ・ホプキンス大学がピーブルスを教員に迎えることを検討するための意図もあったようである．ピーブルスは，講演の内容として，ディッケらと始めた研究内容，つまり CMB の研究を紹介することにした．ピーブルスは，この講演をするにあたり，ディッケらにこの内容を話してよいかを確認したが，快諾してくれたそうである．つまり，ディッケらの誰も，自分たちの研究が他のグループにスクープされることはない，あるいは他の誰か(つまりウィルソンら！)がすでに CMB を発見しているが，その解釈にはまだ達していないという可能性を想定していなかったのである．このピーブルスの講演に，ペンジアスの大学時代の友人バークの友人が参加していた．ピーブルスの講演を聴いたこの友人が，バークに現在の宇宙にも CMB が存在するかもしれないことを話すと，バークはペンジアスが正体不明のノイズを見つけていることを

思い出したそうである．バークからこの話を聞いたペンジアスはすぐにディッケに電話で連絡をとり．その後ディッケらはベル研究所を訪れ，ウィルソンとペンジアスが見つけたノイズが CMB であることを確信することになった．この会談を受け，1965 年 7 月のアメリカ天文学会の査読雑誌アストロフィジカルジャーナルの速報論文として一緒に結果を発表することにした．この調整により，ウィルソンとペンジアスの論文は測定の手法，結果の報告に専念し，ディッケらの論文は測定の宇宙論的な帰結を報告することになったのである．

これが CMB 発見にまつわる有名なエピソードである．ピーブルスの CMB の講演をペンジアスの友人の友人が聴いていなければ，ペンジアスらはこのノイズの正体に気がつかず，その測定結果を論文に発表しなかったかもしれない．ペンジアスらの論文が出版されなければ，ディッケらが自分たちの開発した電波検出器で，当初から目的にしていた CMB を発見し，論文で発表し，ノーベル物理学賞を受賞したかもしれない．歴史的発見を先に越されたことを知ったディッケらの悔しさを想像するが，同時にウィルソンとペンジアスの発見を認めたディッケらの潔さにも敬服する．また，ウィルソン，ペンジアスの徹底した努力，探究心もこの偶然を呼んだとも言えるだろう．

8 CMB 発見後の宇宙論の進展

CMB の発見により，定常宇宙論は衰退し，ビッグバン宇

宙論が揺るぎないものになった. この 2 つの論文の発表により, CMB の存在が確実なものになると, さらなる決定的な確証には時間を要さなかった. 実は CMB 発表の 20 年も前の 1940 年代から, 星間物質のシアン化物 (CN) の回転エネルギーの基底状態と第一励起状態の存在量の観測から, 星間空間が熱的な輻射で満たされている可能性があることが指摘されていた[14]. CMB 発見の発表を受け, 1966 年にロシアのシクロフスキー[15], 米国のフィールドら[16] がすぐさま CN の存在量の観測はペンジアス, ウィルソンの発見した CMB で説明できることを指摘した. 1 年遅れの 1966 年には当初の目標通りディッケのグループのロールとウィルキンソンが, 自身が開発した電波検出器により波長 3.2 cm で CMB を測定し, 温度が 3.0 ± 0.5 K と報告しており[17], この結果はペンジアス, ウィルソンの結果と矛盾しないことが確認された.

　ビッグバン宇宙論のその後の進展は目覚ましいものがある. ごく簡単にまとめれば, 1980 年代の宇宙の始まり, 宇宙構造の種である原始ゆらぎの生成メカニズムを与えるインフレーション理論の提唱. 同じ 1980 年代には, 冷たいダークマターを導入した構造形成シナリオの提唱. その後, 1990 年代はじめに NASA の COBE 衛星による CMB のエネルギースペクトルの測定, ゆらぎの発見. 1998 年の超新星観測による宇宙の加速膨張の発見. 2020 年代の NASA の WMAP 衛星による CMB 角度異方性の精密観測. 1990

年代後半から 2000 年代の米国の SDSS 計画をはじめとする銀河地図の観測から冷たいダークマターの構造模型（ΛCDM）の定量的検証．これらの理論と実験・観測の両輪により，ビッグバン宇宙の標準模型である ΛCDM 模型が確立してきた．ピーブルスは，CMB，ΛCDM 模型に関する一連の理論的研究の貢献で，2019 年のノーベル物理学賞を受賞した．しかし，その標準模型ではダークマターと宇宙項（あるいはダークエネルギー）が宇宙の全エネルギーの約 95% も占めていることを仮定しており，これらの正体はまったく不明である．ガモフ，ディッケ，ピーブルスらから始まったビッグバン宇宙論の研究は，今の世代に引き継がれ，ダークマター，ダークエネルギーの解明が今後の課題となっている．すばる望遠鏡をはじめとする観測計画でその解明が期待される．

*1 P. J. E. Peebles, "Cosmology's Century: An Inside History of our Modern Understanding of the Universe", Princeton University Press（2020）.

*2 ガモフのグループの研究者による論文の引用は除いている．

*3 単位表記 Mc/s は今の表記で MHz のことである．つまり 4080 Mc/s は 4080 MHz で，7.5 cm の波長（電波）に対応する．

*4 ウィルソン，ペンジアスが用いた電波検出器システムの詳細については，例えば，A. A. Penzias, *Rev. Sci. In-*

str., **36** (1965), 68. あるいは R. W. Wilson, "The Cosmic Microwave Background Radiation", https://www.nobelprize.org/prizes/physics/1978/wilson/lecture/ *Nobel Lecture* (1978)が詳しい.

*5 電波望遠鏡で受信した信号を黒体輻射のレイリー–ジーンズ近似の輻射強度を仮定して, アンテナ温度に換算することがある. 単位周波数当たりの輻射強度 $B(\nu)$ のレイリー–ジーンズ近似($h\nu \ll k_B T$) は $B(\nu) = (2\nu^2/c^2)k_B T$ である (ν は観測周波数, c は光の速さ, k_B はボルツマン定数. T がアンテナ温度). この関係式から電波望遠鏡で測定した輻射強度($B(\nu)$)をアンテナ温度に変換する. 以後, 温度には, 絶対温度の単位である K (ケルビン)を用いる. アンテナ温度は望遠鏡のビームパターンで重みをかけた天球面上の輝度温度分布の平均値と等しくなる.

*6 物理学者ロバート・ディッケ(紹介する CMB 論文と同じディッケ)が開発したディッケスイッチあるいはディッケ輻射計. 雑音発生器からの強度が既知の雑音と測定対象の信号との比較を行うことで電波強度を測定する装置である. ペンジアスとウィルソンが用いたものは同じ原理のもので, 手動でスイッチする装置.

*7 E. A. Ohm, "Receiving Sytem", *Bell System Technical Journal*, **40** (1961), 1065.

*8 R. H. Dicke, R. Beringer, R. L. Kyhl, A. B. Vane, "Atmospheric Absorption Measurements with a Microwave Radiometer", *Phys. Rev.*, **70** (1946), 340.

*9 P. J. E. Peebles, "Primordial Helium Abundance and the Primordial Fireball. II", *Astrophysical J.*, **146** (1966), 542. ピーブルスはこの論文でビッグバン元素合成による重水素, ヘリウム生成の詳しい計算を行った.

*10 この論文ではハッブル定数を約 100 km/s/Mpc と仮定
している.

*11 C. H. Brans, R. H. Dicke, "Mach's Principle and a
Relativistic Theory of Gravitation", *Phys. Review*, **124**
(1961), 925. 一般相対論に代わるスカラー・テンソル重力
理論. この理論では例えば縦波の重力波を予言するが, こ
の理論を支持する観測結果は今のところない.

*12 P. J. E. Peebles, "The Black-Body Radiation Con-
tent of the Universe and the Formation of Galaxies",
Astrophysicsl J., **142** (1965), 1317.

*13 A. G. Doroshkevich, I. D. Novikov, "Mean Density of
Radiation in the Metagalaxy and Certain Problems in
Relativistic Cosmology", *Doklady Akademii Nauk
SSSR*, **154** (1964), 809.

*14 星間空間に存在するシアン化(CN)物質の存在量は背景
の星の分光スペクトルの吸収線から測定することができる.
シアン化物質が CMB 光子と平衡状態にある場合に, その
回転エネルギーの基底状態と第一励起状態の状態数の比は
ボルツマン係数,

$$\frac{n_1}{n_0} = 3e^{-\epsilon/k_B T}$$

で与えられる. ここで ϵ は回転エネルギー状態のエネルギ
ー差であり, T が CMB 光子の温度である. この観測から
CMB の温度が示唆された.

*15 I. S. Shklovsky, "Relict Radiation in the Universe
and Population of Rotational Levels of an Interstellar
Molecule", *Astronomical Circular 364, Soviet Academy
of Sciences*, **3** (1966), 155.

*16 G. B. Field, G. H. Herbig, J. Hitchcock, "Radiation Temperature of Space at k2.6 mm.", *Astronomical Journal*, **161** (1966), 156.

*17 P. G. Roll, D. T. Wilkinson, "Cosmic Background Radiation at 3.2 cm Support for Cosmic Black-Body Radiation", *Phys. Rev. Letters*, **16** (1966), 405.

4080 Mc/s におけるアンテナ超過温度 の測定

アーノ・ペンジアス，ロバート・ウィルソン

（高田昌広訳）

ニュージャージー州ホルムデルのクロウフォードヒル研究所における 20 フィートホーンアンテナ[*1, †1] を用い，4080 Mc/s[†2] の周波数で予想よりも高い，約 3.5 K のアンテナ温度の天球からのノイズを発見した．この超過温度は，われわれの観測の感度範囲内で，等方，偏光がなく，1964 年 7 月から 1965 年 4 月のあいだに季節変動がなかった．観測された超過温度について考えられる解釈は，本巻の付随論文にある，ディッケ，ピーブルス，ロールとウィルキンソン[*2] の説である．

天頂方向で観測された全アンテナ温度は 6.7 K であるが，そのうち 2.3 K は大気の吸収のためである．アンテナおよびバックローブ[†3] の応答における電気損失の見積もった寄与は 0.9 K である．

今回の測定で用いた輻射測定器は別の論文[*3] で詳しく記述されている．測定器は，進行波型メーザー，0.027 db[†4]

の低損失スイッチ, 液体ヘリウム基準終端抵抗*4 を用いている. アンテナの温度, 基準終端抵抗†5 のあいだを手動で交互にスイッチし, 測定を行った. アンテナ, 基準終端抵抗, 電波測定器はよく調整され, 測定を通し, 55 db 以上†6 のリターンロスしか存在しなかった. つまり, 電気回路の不完全性による有効温度の測定における誤差は無視できると言える. アンテナ全温度の測定値における評価した誤差は 0.3 K であり, その大部分は基準終端抵抗の絶対較正の不定性によるものである.

大気吸収によるアンテナ温度への寄与は, アンテナ温度の仰角度に対する変動, また仰角と大気の厚さの関係†7 を用いることにより得られた. その結果は, (2.3 ± 0.3) K であり, 先行研究*5,6,7 と良い一致を示している.

電気抵抗損失†8 によるアンテナ温度への寄与は, (0.8 ± 0.4) K と見積もられた. この見積もりでは, アンテナシステムを 3 つの部分に分けた. (1)検出器側の 2.125 インチ†9 の円形導波管端部とアンテナ端部の 6 平方インチ正方形開口部を接続するための長さ約 1m の非一様なテーパー導波管部†10. (2)これら 2 つのテーパー管のあいだにある回転ジョイント部. (3)アンテナ自体. 注意深くこれらの結合部をきれいにし, 調整したが, それらは電気抵抗損失を大きく変えなかった. 回転ジョイント部の漏洩, 損失のテストも行ったが, 有意な違いは見つからなかった.

ホーンアンテナ部の縫い目の不完全性による損失の可能性

は，テーピングのテストで排除した．アンテナ開口部あるいはその他の大部分の縫い目の箇所をアルミニウム[†11] のテープで覆ったが，アンテナ温度の変化は見られなかった．

地上からの輻射に対するバックローブの応答も以下の 2 つの理由で 0.1 K 以下と見積もられた．（1）アンテナ近隣の地上に設置した電波送信機を用いた応答の測定は，平均的なバックローブのレベルが等方部分の応答よりも 30 dB[†12] も低かったことを示した．これらの測定でホーンアンテナは天頂を向けた状態で，アンテナから 360 度包囲の 10 か所に設置した送信機のそれぞれについて，水平，垂直方向の偏光の送信波を用いて測定を行った．（2）同じ研究所サイトでの口径の小さなホーンアンテナを用いた測定でも，等方成分に比較してバックローブのレベルは 30 dB 程度と見積もられた．

上述のすべての測定結果から，残存する，起源が未同定のアンテナ温度を 4080 Mc/s 周波数で (3.5±1) K と見積もった．この結果と関連して，1959 年のディグラスら[*6]，1961 年のオーム[*7] の先行研究による，周波数 5650 Mc/s と 2390 Mc/s における全システム温度の見積もりにも注意すべきである．これらの測定から，各々の周波数におけるバックグランド温度への上限を導くことができる．これらの上限は，われわれの測定した値と同程度の大きさであり，矛盾しない．

われわれは，ディッケ氏と彼の同僚に，この論文の出版前に彼らの結果に関する有益な議論について感謝いたします．

この測定の際のさまざまな問題に関する，クロフォード氏，オーム氏の有益なコメント，助言に対して感謝いたします．

校正の段階で加筆された補足—以前にバックグランド測定がなされた最も高い周波数は 404 Mc/s であるが[*8]，その測定では約 16 K の残存温度が報告されている．この結果と今回の結果を組み合わせることで，これらの周波数帯でのバックグランドの平均スペクトルは $\lambda^{0.7}$ よりは緩いことを見つけた．この結果から，今回測定したバックグランド光源が知られている電波源である可能性が棄却される．なぜなら既知の電波源はもっと急な冪のスペクトルをもつからである．

参考文献

〔訳者注：原論文ではアルファベット順だが，参考順に改めた．〕

*1 A. B. Crawford, D. C. Hogg, L. E. Hunt, *Bell System Tech. J.*, **40**, 1095（1961）.

*2 R. H. Dicke, P. J. E. Peebles, P. G. Roll, D. T. Wilkinson, *Astrophysical J.*, **142**, 414（1965）.

*3 A. A. Penzias, R. W. Wilson, *Astrophysical J.*, **142**, 1149（1965）.

*4 A. A. Penzias, *Rev. Sci. Instr.*, **36**, 68（1965）.

*5 D. C. Hogg, *Appl. Phys.*, **30**, 1417（1959）.

*6 R. W. DeGrasse, D. C. Hogg, E. A. Ohm, H. E. D. Scovil, "Ultra-low Noise Receiving System for Satellite or Space Communication", *Proceedings of the National Electronics Conference*, **15**, 370（1959）.

*7 E. A. Ohm, *Bell System Tech. J.*, **40**, 1065（1961）.

*8 I. I. K. Pauliny-Toth, J. R. Shakeshaft, *M. N.*, **124**, 61 (1962).

訳　注

†1　1 フィートは約 30.5 cm であり，20 フィートは約 609 cm.

†2　単位表記 Mc/s は今の表記で MHz のことである．つまり 4080 Mc/s は 4080 MHz で，7.5 cm の波長（電波）に対応する．

†3　電波望遠鏡はそのビームパターンで重みをかけた天球面上の輝度温度分布を測定する．ビームパターンにはローブと呼ばれるパターンがある．「ローブ」にはメインローブ，サイドローブ，バックローブがある．ここでバックローブはアンテナの後方領域からの輻射への感度があるビームパターン．

†4　受信した信号に対してアンテナのオーム抵抗による損失やアンテナ・検出器の不完全性による損失などの効率をアンテナ利得と呼ぶ．単位は，dB で表す．損失の量は無次元の単位で，dB＝10×log(損失) で表す．通常は dB は負の値で定義されるが，この論文ではこの時代の通例か正の値で与えられている．ここでの 0.027 dB とは，$10^{-0.027/10} \simeq 0.994$，つまり約 0.6% しか損失がないことを意味する．

†5　基準終端抵抗とは，強度がわかっている雑音発生器のこと．

†6　55 dB とは，約 30 万分の 1 の損失のこと．

†7　地上からの観測では，天体以外にも大気の輻射により実際に計測されるアンテナ温度は増加する．つまり，実際に観測されるアンテナ温度 T_A は

$$T_A = T_a e^{-\tau} + T_{\mathrm{sky}}(1 - e^{-\tau}), \qquad (1)$$

と表せる. ここで, T_a は天体のアンテナ温度. T_{sky} は大気輻射の温度である. τ は大気の光学的厚みを表している. 平板大気を仮定すれば天頂方向の光学的厚みを τ_0 として, $\tau = \tau_0 \sec\theta$ と表せる. θ は天頂からの仰角を表す. 仰角を変えることにより, 天球からのノイズを測定することで大気輻射の成分を区別することができる.

†8 抵抗損(オーム損). 電流の流れている導線のジュール熱による電気エネルギーの損失.

†9 1インチは約 2.54 cm. 6 平方インチは約 39 平方センチメートル.

†10 テーパー導波管(テーパー管)とは大きさの異なる開口部をつなげる管. インピーダンスマッチングの(電磁波の反射を抑える)ために徐々に開口部をすぼめる構造の管. 最近流行っている, 足首に向けてすぼんでいるジーンズをテーパージーンズと呼ぶので, その形がイメージできるかもしれない.

†11 アルミニウム(アルミ箔など)は効率良く外内部からの電波を遮断する.

†12 30 dB は約 1995 分の 1.

宇宙黒体輻射

ロバート・ディッケ，ジェームズ・ピーブルス，ピーター・ロール，デイビッド・ウィルキンソン(高田昌広訳)

宇宙論における基本問題の一つは，アインシュタインの場の方程式で知られている宇宙論解における特異点[†1]の特性である．また不可解なことは，宇宙のバリオン，レプトンの数は保存すると考えられるにもかかわらず，反物質に対して物質が超過していることである．このように，通常の理論の枠組みでは，宇宙の起源，あるいは物質の起源を理解することはできない．これらの問題を解決する3つの試みがある．

1. 定常宇宙論の仮説[*1,2]．宇宙で新しい物質が連続的かつゆっくりと生成し続け，常に宇宙が膨張し続けていることを前提とし，宇宙の始まりの特異点問題を回避する仮説．

2. 新しい物質の生成は特異点の存在に密接に関係し，上述の2つの矛盾は，アインシュタイン方程式を量子力学的に適切に取り扱うことで解決できるという仮説[*3]．

3. 特異点は数学的な過度の単純化，すなわち厳密な等方，一様性の要請の結果であり，実際の宇宙では特異点は起こらないという仮説[*4,5].

もし上記の三番目の仮説をとりあえずの作業仮説として受け入れた場合，二番目の謎(物質・反物質の非対称性)の解決策にもなりうる．つまり，現在観測している物質は，前世代の閉じた(収縮する)宇宙[†2] に存在したバリオン量と同じものであり，宇宙は収縮と膨張のあいだを振動(輪廻)するという仮説である．この仮説では，過去の有限な時間のあいだに物質[†3] の起源を説明する必要がない．むしろこの仮説で必要になるのは，前サイクルの宇宙が最も収縮したときに，その宇宙の残余物(物質)を次のサイクルの現宇宙で星を作る材料である水素に戻すために，宇宙の温度を 10^{10} (100 億) K 以上にすることである．

この仮説とは関係なしに，宇宙初期の宇宙の温度を調べることは重要である．より広い観点からは，われわれの議論を振動する閉じた宇宙モデルに限定すべきではない．たとえ宇宙が特異点から始まったとしても，宇宙初期では宇宙は極めて熱かった可能性がある．

宇宙は，その熱い温度状態のときに黒体輻射で満たされていただろうか？　もしそうであれば，宇宙が膨張するにつれて，宇宙の赤方偏移によって輻射は断熱的に冷えるが，その熱的な分布の特徴は残るだろう．この輻射の温度は，膨張する宇宙の半径に反比例して冷えることになる[†4].

　もし宇宙の温度が電子の静止エネルギーと同等の約 10^{10} K
程度の高温時まで宇宙膨張を遡ることができれば，火の玉宇
宙の残存である熱的な輻射が存在すると考えられる．この熱
い宇宙の状態では，電子・陽電子の生成のために，宇宙の温
度だけで特徴づけられる熱平衡状態まで電子の総量は増加
することが期待される[†5]．前世の宇宙がどうであろうと，こ
の高い密度の電子に対して光子の吸収行程（平均自由行程）が
短くなり，宇宙の輻射は電子・陽電子の生成消滅の過程のた
めに即座に熱平衡分布に帰着することがわかる．この平衡過
程は，宇宙論が一般相対論あるいは近年進展が著しいブラン
ズ–ディッケ理論[*6] に依存して，光子–電子の相互作用のタ
イムスケールが宇宙膨張のタイムスケールよりも短くなった
ときに起こる.

　上述の平衡の議論は，ニュートリノの総量にも適用できる
可能性がある．宇宙の温度が 10^{10} K よりも高いときに，ニ
ュートリノと反ニュートリノの対生成過程が存在する[†6] と
仮定すれば，熱い温度，また高密度の光子，電子（陽電子）の
総量が十分に存在し，電子的ニュートリノが熱平衡に達して
いたと考えられる．輻射と熱平衡にある，熱的なニュートリ
ノと反ニュートリノの分布は，極めて高密度の状態の帰結で
ある．ことによると，重力波[†7] も熱平衡にあった可能性も
ある.

　この原始火の玉宇宙における物質の総量を理解すること
なしには，現在の宇宙の温度を予言することはできない．し

かし，観測から上限を得ることはできる．もし残存する黒体輻射の温度が40Kである場合，そのエネルギー密度は2×10^{-29} g cm^{-3} に相当し，観測されているハッブル定数，加速膨張のパラメータから示唆される現宇宙で許される最大エネルギー密度に近い値になる．このように，この原始黒体輻射の直接的な検出を試みることは明らかに重要である．

　本著者の2名（ロールとウィルキンソン）は，波長3cmで黒体輻射の温度を測定するための電波計および検出ホーンを製作してきた．この波長の選択は二つの考察から決定された．この波長より短波長側では大気の吸収が問題になり，長波長側では天の川銀河あるいは系外銀河からの輻射が大きくなる．シンクロトロン輻射あるいは制動輻射の冪則のエネルギースペクトルから，長波長側の100cmの波長で観測された輻射強度から外挿すると，天の川銀河あるいは系外天体起源の3cmの波長での背景輻射への寄与は，全天域で平均した場合，5×10^{-3} Kを超えないと結論できる．3cmの波長における星からの輻射は10^{-9} K以下である．地球大気からの背景輻射への寄与は約3.5Kと見積もられたが，この成分についてはアンテナを振ることにより正確に測定することができる[*7].

　われわれの装置による結果をまだ得ていないが，ベル研究所のペンジアスとウィルソン[*8] が波長7.3cmで背景輻射を観測したことを最近知った．彼らは，検出器で測定した背景ノイズの除去をあらゆる方法で試みたが，(3.5 ± 1) Kの背

景輻射が残存することを突き止めた．現時点では，このアンテナが検出した成分は，起源がわからない背景光によるものとしか考えられない．

　上述の背景光のエネルギースペクトルを測定するためにさらなる測定が必要なことは明らかであり，われわれは波長3 cm での研究を進める予定である．また，1 cm の波長での測定も検討している．7 cm より長い波長の測定はペンジアスとウィルソンらによってなされると理解している．

　現温度が 3.5 K の黒体輻射の存在が本当であれば，10^{10} K を超える高温，高密度の熱平衡状態にあった宇宙が存在したことが強く示唆される．二つの妥当な場合が考えられる．一つは，特異点を回避する振動する宇宙を仮定した場合である．天の川銀河の外側の古い星で重元素が大量に残存しているという観測的証拠がないことから，前世の宇宙の重元素を分解するために宇宙の温度が十分に高温だったはずである．もう一つは，宇宙が特異点から始まった場合であり，この場合でも特異点に近づくにつれ，宇宙の温度が 10^{10} K をはるかに超えていたと考えられる（図 1 を見よ）．

　本著者の一人（ピーブルス）が指摘したように，原始銀河で観測されているヘリウムの存在量の推定値と組み合わせて，現宇宙の 3.5 K という低い温度の観測は，これらと矛盾しない宇宙論に関する重要な帰結が得られる．それは次のようなものである．宇宙の温度が 10^{10} K よりもはるかに高い時期には，熱的な電子およびニュートリノが存在し，陽子と中

性子が同程度の量で存在していたことが保証される[†8]. 宇宙の温度が下がるにつれ，重水素の光解離がそれほど大きくなくなると，陽子と中性子が結合し，重水素を作り，それらはヘリウムに変換する(つまりヘリウムが生成される). これがアルファー，ベーテ，ガモフ[*9] や他の研究者[*10,11] によって推定された過程と同様のものである. 生成されるヘリウムの量は，ヘリウムの生成が可能になる時期の宇宙における物質の総量に依存する. もしその時期に原子核の密度が十分に高ければ，反応が起こらなくなる密度に下がる前までには相当な量のヘリウムが生成されることになる. このように，原始銀河で観測されているヘリウム存在量の上限から，ヘリウム生成の時期の物質の上限を得ることができる(ここでヘリウムの生成は物質の密度にほとんど依存せず，その時期の宇宙の温度だけで決まる). 逆に，現宇宙の物質の存在量から，現宇宙の温度の下限を得ることもできる. この下限は，現宇宙の物質密度の3乗根で変化する[†9].

　原始銀河におけるヘリウムの存在量は信頼に足る精度ではほとんどわかっていないが，現観測と矛盾しない妥当なヘリウムの上限値は全物質の質量比で約 25 % である. この上限値，また一般相対論が正しい，かつ現宇宙の温度が 3.5 K である場合，現宇宙の物質の総量は $3 \times 10^{-32}\,\mathrm{g\,cm^{-3}}$ を超えてはいけないことを意味する. この数値は銀河の物質から推定されている平均密度[*12] よりも約 20 倍も小さいが，観測の推定値はまだ信頼に足るものではなく，この低い密度を

棄却することはできない.

結論

　すべてのデータが手元にはないが, ペンジアスとウィルソン (1965) の測定結果が 3.5 K の (宇宙) 黒体輻射を示唆していると仮定した場合に示唆される帰結を掲示してきた. これらを議論する際に, 宇宙は等方かつ一様と見なすことができること, 現宇宙のエネルギー密度の全体のうち重力波が占める割合が小さいことを仮定した. ただし, ホイラー[*4] は重力波の寄与が重要でありうることを指摘している.

　ここまでは明確な数値を得ることを目的として, 現ハッブル宇宙年齢を 100 億年と仮定した.

　アインシュタインの場の理論が正しいと仮定し, 上述した議論および数値は宇宙論問題に厳しい制限を課す. 宇宙が開いた, あるいは閉じたと仮定した場合, ありうる結論を以下の 2 つの見出しのもとに議論する.

　開いた宇宙—現時点の観測からは, 現宇宙の物質のエネルギー密度が, 閉じた宇宙から要求される密度の下限値 2×10^{-29} g cm^{-3} よりもはるかに小さい可能性を完全には棄却できない[†1]. 一般相対論が正しいと仮定し, ヘリウム生成と現宇宙の黒体輻射の温度の関係から, 現宇宙の物質のエネルギー密度が 3×10^{-32} g cm^{-3} 以下, つまり閉じた宇宙から要求される密度の下限値より 600 分の 1 以下であることを

導いた. 現宇宙では, 黒体輻射の光子のエネルギー密度, あるいはニュートリノの密度はこれよりもさらに小さい.

つまり見かけ上, 一般相対論および現温度が $3.5\,\mathrm{K}$ の原始黒体輻射の仮定から, 物質のエネルギー密度が非常に小さい「開いた」宇宙モデルを採用することを強いられる. これは, 振動する宇宙の可能性を棄却する. さらに, アインシュタイン[*13] が指摘したように, この結果は明らかに非マッハ的[†10] である. なぜなら, そのような低い物質密度では, 空間の局所的な慣性の性質が, 空間の絶対的な性質よりはむしろ, 物質の存在によって決まっていると仮定できないことを意味しているからである.

閉じた宇宙—これは, 導入部で述べたように, 振動する宇宙の場合, あるいは宇宙が特異点から始まった場合に起こりうる. 現在の議論の枠組みでは, この場合に要求される $2 \times 10^{-29}\,\mathrm{g\,cm^{-3}}$ を超えるエネルギー密度は, 黒体輻射, あるいはニュートリノのエネルギー密度ではありえず, まだ星を形成していない(つまり観測では見えない)原始銀河の大きな雲, あるいは銀河間空間に一様に分布する物質の存在を仮定しなければならない. この大量の物質が存在する場合, 太陽系の低いヘリウム存在量から課せられる宇宙の温度の制限が非常に厳しいものになる. つまり現宇宙の黒体輻射の温度は $30\,\mathrm{K}$ を超えることが要求される[*14,†11]. この温度を $3.5\,\mathrm{K}$ まで下げることができる妥当な方法の一つは, 宇宙論にゼロ質量のスカラー場[†12] を導入することである. アインシュ

タインの場の方程式を変えることなく，スカラー場の相互作
用が通常の物質の相互作用の項のように現れる理論の形式
を用いるのが良さそうである[*15]．ブランズ–ディッケ理論[*6]
の宇宙論的な方程式は当初は「冷たい宇宙」[†13] にだけ適用
されていたが，「熱い宇宙」に対する方程式の最近の研究で
は，スカラー場の導入により，温度が 10^{10} K の時期の宇宙
膨張はとても速く，基本的にヘリウムは生成されないこと
を示唆している[†14]．この理由は，スカラー場の静的な部分
は，エネルギー密度と同程度の大きさの圧力を予言するた
めである．これとは対比的に，相対論的粒子あるいは等方な
黒体輻射の圧力はエネルギー密度の 1/3 である．このよう
に，もし宇宙の過去まで遡ったときに，スカラー場のエネル
ギー密度が他の成分のエネルギー密度を凌駕したとすれば，
スカラー場がない場合に比較して，高温・高密度の宇宙の時
期の膨張を圧倒的に速く膨張させることができる．この本質
的な理由が，(上述したように)スカラー場の圧力が，エネル
ギー密度の 1/3 よりはむしろエネルギー密度と同程度にな
るためである[†15]．他の相互作用，例えばゼルドヴィッチ[*16]
が提唱するモデルなども初期宇宙におけるヘリウムの過度生
成を抑えることができるだろう．

　第一段落で述べた問題に戻れば，もし宇宙が振動し，閉じ
た曲率の場合，妥当な方法でバリオン数の保存を保持するこ
とができると考える．ヘリウム過剰生成の問題を回避するた
めには，現宇宙の物質のエネルギー密度が 3×10^{-32} g cm^{-3}

より小さいか，あるいはヘリウム生成の時期に宇宙膨張を速めることができるゼロ質量のスカラー場など高圧力のエネルギーの形態が存在していたか，の2つのシナリオが考えられる．閉じた空間を得るためには，$2 \times 10^{-29} \, \mathrm{g\,cm^{-3}}$ のエネルギー密度が必要である．ゼロ質量のスカラー場あるいは他の強い相互作用なしには，このエネルギーは通常の形態ではありえず，ホイラー[*4] が言うように重力波などの形態かもしれない．

閉じた宇宙に必要なエネルギー密度を通常の物質で与えるもう一つの可能性として，宇宙が原子核のエネルギー密度より圧倒的に大きい（反ニュートリノを超える）電子型のニュートリノを含んでいる仮定がある．この場合，ニュートリノの存在量があまりに大きく，ニュートリノが縮退し，その縮退が高温・高密度の宇宙で中性子が熱平衡にあることを妨げ，ヘリウム生成を引き起こす核反応を妨げる可能性がある[†16]．しかし，この場合は要求されるレプトンとバリオン数比は 10^9 を超える必要がある．

われわれは，ニュージャージー州ホルムデルのベル研究所のペンジアス博士，ウィリアム博士が彼らの電波検出器を見せてくれたこと，また彼らの測定結果について議論してくれたことに深く感謝いたします．様々な助言をしてくださったホイラー教授にも感謝いたします．

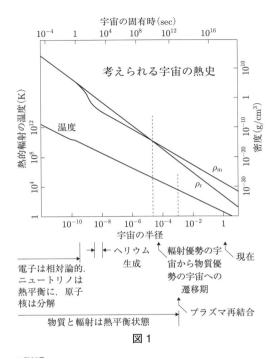

図1

図1の説明

考えられる宇宙の熱史. 図は，一般相対論，一様かつ等方な宇宙モデルを仮定し，現宇宙の物質密度が 2×10^{-29} g/cm^3，温度が3.5 K である場合の宇宙の熱史を示す. 下の水平軸は，共動座標上（宇宙の膨張と共に動く）2つの銀河間の固有距離である（現在の距離を1とした場合）. 上の水平軸は宇宙の固有時

(年齢)を表す.「温度」と付記されている線は,熱的(黒体)輻射の温度である. 物質は,矢印で示される,プラズマが再結合する時までは輻射と熱平衡状態にある. それ以降は,重力的に束縛されていない物質は,宇宙膨張により,輻射よりも速く冷却する. 輻射の質量(エネルギー)密度を ρ_r と示す. 現在では,ρ_r は物質のエネルギー密度(ρ_m)よりも非常に小さいが,宇宙初期では ρ_r が ρ_m を凌駕している. 宇宙が輻射のエネルギーで満たされるモデルから物質に満たされるモデルに変遷する特徴的な時期を矢印で示している.

時間を遡ると,温度が 10^{10} K になると,電子が相対論的になり,熱的な電子・陽電子の生成により,物質のエネルギー密度を増加させる. 温度が 10^{10} K を超えると,電子の総量が増加し,電子ニュートリノも熱平衡状態になり,また陽子と中性子の総量(その比)も熱的な状態に従う. 振動する宇宙モデルにおいては,前世の原子核を分解するために,この程度の高温状態が存在することが要求される. ただし,原子核(ここでは陽子,中性子)は非相対論的である.

熱的な中性子は「ヘリウム生成」と示される左向きの矢印の温度あたりで崩壊する. ヘリウム生成の領域には右向きの矢印(温度の上限)も存在する. なぜなら,これ以上の高温領域ではヘリウム生成に必要な重水素が光分解してしまうためである. このモデルの問題は,物質の大部分がヘリウムに変換されることである.

参考文献

R. A. Alpher, H. A. Bethe, G. Gamow, *Phys. Rev.*, **73**, 803 (1948).

R. A. Alpher, J. W. Follin, R. C. Herman, *Phys. Rev.*,

92, 1347（1953）.

H. Bondi, T. Gold, *MNRAS*, **108**, 252（1948）.

C. Brans, R. H. Dicke, *Phys. Rev.*, **124**, 925（1961）.

R. H. Dicke, *Phys. Rev.*, **125**, 2163（1962）.

R. H. Dicke, R. Beringer, R. L. Kyhl, A. B. Vane, *Phys. Rev.*, **70**, 340（1946）.

A. Einstein, *The Meeting of Relativity*（3rd ed.; Princeton University Press）, p. 107（1950）.

F. Hoyle, *MNRAS*, **108**, 372（1948）.

F. Hoyle, R. J. Taylor, *Nature*, **203**, 1108（1964）.

E. M. Liftshitz, I. M. Khalatinikov, *Adv. in Phys.*, **12**, 185（1963）.

J. H. Oort, *La Structure et l'évolution de l'universe*（11th Solvay Conf.）, p. 163（1958）.

P. J. E. Peebles, *Phys. Rev.* in press.

A. A. Penzias, R. W. Wilson, private communication.

J. A. Wheeler, *La Structure et l'évolution de l'universe*（11th Solvay Conf.）, p. 112（1958）.

J. A. Wheeler, in *Relativity, Groups and Topology*, ed. C. DeWitt and B. DeWitt（New York: Gordon & Breach）（1964）.

Ya. B. Zel'dovich, *Soviet Phys.*, *J.E.T.P.*, **14**, 1143（1962）.

原　注

*1　H. Bondi, T. Gold, *MNRAS*, **108**, 252（1948）.

*2　F. Hoyle, *MNRAS*, **108**, 372（1948）.

*3　J. A. Wheeler, in *Relativity, Groups and Topology*,

ed. C. DeWitt and B. DeWitt (New York: Gordon & Breach) (1964).

*4 J. A. Wheeler, *La Structure et l'évolution de l'universe* (11th Solvay Conf.), p. 112 (1958).

*5 E. M. Liftshitz, I. M. Khalatinikov, *Adv. in Phys.*, **12**, 185 (1963).

*6 C. Brans, R. H. Dicke, *Phys. Rev.*, **124**, 925 (1961).

*7 R. H. Dicke, R. Beringer, R. L. Kyhl, A. B. Vane, *Phys. Rev.*, **70**, 340 (1946).

*8 A. A. Penzias, R. W. Wilson, *Astrophysical J.*, **142**, 419 (1965).

*9 R. A. Alpher, H. A. Bethe, G. Gamow, *Phys. Rev.*, **73**, 803 (1948).

*10 R. A. Alpher, J. W. Follin, R. C. Herman, *Phys. Rev.*, **92**, 1347 (1953).

*11 F. Hoyle, R. J. Taylor, *Nature*, **203**, 1108 (1964).

*12 J. H. Oort, *La Structure et l'évolution de l'universe* (11th Solvay Conf.), p. 163 (1958).

*13 A. Einstein, *The Meeting of Relativity* (3rd ed.; Princeton University Press), p. 107 (1950).

*14 該当する論文は, P. J. E. Peebles, *Astrophysical J.*, **146**, 542 (1966)と思われる. (原論文では *Phys. Rev.* in press と表記されている)

*15 例えば R. H. Dicke, *Phys. Rev.*, **125**, 2163 (1962).

*16 Ya. B. Zel'dovich, *Soviet Phys.*, *J.E.T.P.*, **14**, 1143 (1962).

訳　注

†1　ここでの特異点とは，初期宇宙における超高密度の極限
　　状態で，時空の曲率が無限になる状況．古典的な理論であ
　　る一般相対論は特異点を記述することができず，特異点で
　　は物理法則が破綻する．

†2　アインシュタインの場の方程式により，宇宙の膨張則(時
　　空の曲がり具合)は宇宙に内包されるエネルギーと運動量の
　　総和と等価である．また，一様等方宇宙モデルでは，空間
　　の大域的な曲率として，「開いた」「平坦な」「閉じた」モデ
　　ルが考えられる．観測される宇宙膨張則から臨界エネルギ
　　ー密度が定義でき，

$$\rho_{\mathrm{cr}} \equiv \frac{3H_0^2}{8\pi G} \equiv 1.88 \times 10^{-29} \,\mathrm{g\,cm^{-3}} \qquad (1)$$

　　となる．この論文では，$H_0 = 100 \,\mathrm{km\,s^{-1}Mpc^{-1}}$ を仮定し
　　ており，臨界密度も $\rho_{\mathrm{cr}} \simeq 2 \times 10^{-29} \,\mathrm{g\,cm^{-3}}$ としている．
　　現宇宙では物質が宇宙のエネルギーに対して支配的であり，
　　また当時は宇宙項も想定されていなかったので，物質密度
　　が ρ_{cr} よりも小さい，あるいは大きいと観測された場合に
　　は，それぞれ「開いた」「閉じた」宇宙を示唆することにな
　　る．

†3　この論文では，物質とは通常の物質(主にバリオン)を意
　　味し，ダークマターは想定されていない．ダークマターの
　　存在が真剣に検討されるようになったのは 1970 年以降で
　　ある．その観測的証拠の一つが銀河の平坦な回転曲線であ
　　るが，それを初めて指摘した天文学者ヴェラ・ルービンは
　　ガモフの弟子である．

†4　解説の第 2 節参照．

†5　熱平衡状態にある粒子の状態数は温度 T だけで決まり，

$$f(\epsilon, T) = \frac{1}{e^{\epsilon/k_B T} \pm 1} \qquad (2)$$

で与えられる．ここで符号 "+" はフェルミ粒子，"−" はボーズ粒子に対応し，また ϵ は粒子のエネルギー，$\epsilon \equiv \sqrt{m^2 c^4 + p^2 c^2}$ である．電子-陽電子はフェルミ粒子であり，宇宙論では通常化学ポテンシャルを無視する．$T \gg mc^2$ のとき，つまり粒子が相対論的であるとき，$f(\epsilon, T) \simeq 1/[e^{pc/k_B T} \pm 1]$ となる．この場合，相対論的粒子の数密度は $n \equiv \int d^3 \boldsymbol{p}/(2\pi\hbar c)^3 f(p) \sim c_1 \zeta(3) g(k_B T)^3/(2\pi\hbar c)^3$（ボーズ粒子，フェルミ粒子について，それぞれ $c_1 = 1$ あるいは $3/4$）となる．ここで $\zeta(3) \simeq 1.20$，g は縮退度．つまり，$n \propto T^3$ となり，光子も含めた，熱平衡にあるすべての相対論的粒子は同程度の数密度をもつ．

†6 この論文時にはニュートリノの存在は知られていたものの弱い相互作用を介在するフェルミオン W^+, W^-, Z ボゾン粒子は見つかっていなかった．1983 年に欧州合同原子核研究機構（CERN）にてそのボゾン粒子の存在が確認された．これらのボゾン粒子を介在し，電子ニュートリノ-反ニュートリノも電子-陽電子と熱平衡状態になる．

†7 時空の曲率の時間変動が波動として光の速さで伝播する現象．一般相対論の予言であり，2016 年にブラックホール連星の合体の重力波が検出され，その存在が立証された．重力波検出に貢献した研究者 3 名が，2017 年にノーベル物理学賞を受賞した．

†8 第 V 章参照．

†9 ビッグバン軽元素合成によるヘリウムの生成量は，バリオン-光子数比 $\eta \equiv n_b/n_\gamma$ に依存する（この量は時間に依存しない保存量である）．η が大きい方がヘリウムが多く生

成される．ここでの議論は，観測からヘリウムの存在量が物質の質量比で 25% と見積もられているのを受け，この値を超えないという条件から n_b の上限，あるいは n_γ の下限が導出できることを議論している．ここで $\rho_b = m_p n_b$（m_p は陽子の質量）から，バリオン数は現在の物質の総量と等価である．また $n_\gamma \propto T^3$ から，n_γ の下限は現在の温度に下限を与えることと等価である．現宇宙の物質量がわかっているのであれば，温度の下限値は $T_{\text{lower limit}} \propto (\rho_b)^{1/3}$ となり，物質密度の 3 乗根で変化する．

†10 マッハの原理とは，オーストリアの物理学者エルンスト・マッハ（Ernst Mach: 1838-1916）の提唱した考え方で，物体に働く慣性力は宇宙に存在する他の物質との相互作用によって決まる，という原理．対比的な考え方として，ニュートンは絶対空間の存在を想定し，物体に働く力はその絶対空間に対して定義されると考えた．ここの議論で「非マッハ的」というのは，宇宙の物質密度があまりにも小さい，つまり物質の量が極端に少ない場合，地球などの局所的な運動が，宇宙の物質の分布による重力によって決まるわけではなく，何か絶対的な空間に対して決まっているように見え，不自然である，という論理と考えられる．

†11 訳注 9 からヘリウムの生成量はバリオン-光子数比 η に依存する．閉じた宇宙モデルを得るために，銀河間空間の未発見の物質により臨界密度まで物質の量を約 600 倍増やした場合，ヘリウム量の上限に抵触しないためには，同様に n_γ を 600 倍増やし，η を保つ必要がある．$n_\gamma \propto T^3$ なので，これは $T \simeq 3.5 \times 600^{1/3} \simeq 30$ K になり，CMB の観測と矛盾する．

†12 宇宙論でのスカラー場とは，空間の各点で物理量のスカラー場を対応させた場のことである．例えば，宇宙膨張に

寄与する．ゼロ質量のスカラー場 ϕ のエネルギー密度，圧力はそれぞれ $\rho_\phi c^2 = \dot{\phi}^2/2 + V(\phi)$, $P_\phi = \dot{\phi}^2/2 - V(\phi)$ と表せる（ここで˙は時間微分を表し，$V(\phi)$ はスカラー場のポテンシャルである）．スカラー場が静的，つまり $\dot{\phi} \simeq 0$ のとき，$P_\phi \simeq -\rho_\phi c^2$ となり，負の圧力，つまり実質的に万有斥力を引き起こす．

†13 ここで「冷たい宇宙」モデルとは，宇宙初期に熱的な光子（CMB）を仮定しないモデル．中性子が関与する反応 $e^- + p \rightarrow n + \nu$ で，電子ニュートリノが反電子ニュートリノより多く存在し，縮退状態にあれば，パウリの排他原理から中性子の生成量を抑え，結果としてヘリウムの生成量を抑えることができるのではないか，という試み．結論の最後の段落でも議論されている考え方．

†14 スカラー場により膨張を速くして，どのようにヘリウムの生成量を抑えるかの議論はあまりクリアでない．観測結果，理論の示唆から得られる宇宙モデルの不自然さからやや整合性の欠ける議論に思われる．

†15 訳注 12 にあるように，ゆっくり運動するスカラー場の場合，その圧力の大きさが密度エネルギーと同程度になる（符号は負）．この場合，スカラー場のエネルギー密度が宇宙で支配的になると，加速する膨張を引き起こすことができる．これはインフレーションでのスカラー場の役割と同様である．ディッケらは，このスカラー場の効果により，振動する宇宙（閉じた宇宙）でも初期宇宙でのヘリウム生成を抑制させることができると期待しているようである．しかし，ここの議論では数式など用いられていないので，このようなスカラー場を考えているのかは明らかではない．定性的な議論にとどまっている．

編者・訳者・解説者紹介

須藤靖(すとうやすし)　東京大学大学院理学系研究科教授. 主な研究分野は, 宇宙論, 太陽系外惑星. (総説, 第Ⅳ章)

内山龍雄(うちやまりょうゆう：1916-1990)　大阪大学名誉教授. (第Ⅰ章, 第Ⅱ章)

松原隆彦(まつばらたかひこ)　高エネルギー加速器研究機構素粒子原子核研究所教授. 主な研究分野は, 宇宙論, 宇宙の構造形成理論. (第Ⅰ章論文解説)

横山順一(よこやまじゅんいち)　東京大学大学院理学系研究科教授. 主な研究分野は, 宇宙論, 重力波. (第Ⅱ章論文解説)

樽家篤史(たるやあつし)　京都大学基礎物理学研究所准教授. 主な研究分野は, 観測的宇宙論. (第Ⅲ章)

仏坂健太(ほとけざかけんた)　東京大学大学院理学系研究科准教授. 主な研究分野は, 相対論的宇宙物理学, 重力波天文学. (第Ⅴ章)

高田昌広(たかだまさひろ)　東京大学国際高等研究所カブリ数物連携宇宙研究機構教授. 主な研究分野は, 観測的宇宙論. (第Ⅵ章)

20世紀科学論文集 現代宇宙論の誕生

2022 年 8 月 10 日　第 1 刷発行

編　者　須藤　靖

発行者　坂本政謙

発行所　株式会社　岩波書店
　　　　〒101-8002 東京都千代田区一ツ橋 2-5-5

　　　　案内 03-5210-4000　営業部 03-5210-4111
　　　　文庫編集部 03-5210-4051
　　　　https://www.iwanami.co.jp/

印刷 製本・法令印刷　カバー・精興社

ISBN 978-4-00-339511-0　Printed in Japan

読書子に寄す

—— 岩波文庫発刊に際して ——

岩波茂雄

　真理は万人によって求められることを自ら欲し、芸術は万人によって愛されることを自ら望む。かつては民を愚昧ならしめるために学芸が最も狭き堂宇に閉鎖されたことがあった。今や知識と美とを特権階級の独占より奪い返すことはつねに進取的なる民衆の切実なる要求である。岩波文庫はこの要求に応じそれに励まされて生まれた。それは生命ある不朽の書を少数者の書斎と研究室とより解放して街頭にくまなく立たしめ民衆に伍せしめるであろう。近時大量生産予約出版の流行を見る。その広告宣伝の狂態はしばらくおくも、後代にのこすと誇称する全集がその編集に万全の用意をなしたるか。千古の典籍の翻訳企図に敬虔の態度を欠かざりしか。さらに分売を許さず読者を繋縛して数十冊を強うるがごとき、はたしてその揚言する学芸解放のゆえんなりや。吾人は天下の名士の声に和してこれを推挙するに躊躇するものである。この際断然実行することにした。吾人は範をかのレクラム文庫にとり、古今東西にわたっときにあたって、岩波書店は自己の責務のいよいよ重大なるを思い、従来の方針の徹底を期するため、すでに十数年以前て文芸・哲学・社会科学・自然科学等種類のいかんを問わず、いやしくも万人の必読すべき真に古典的価値ある書をきわより志して来た計画を慎重審議この際断然実行することにした。吾人は範をかのレクラム文庫にとり、古今東西にわたっこの文庫は予約出版の方法を排したるがゆえに、読者は自己の欲する時に自己の欲する書物を各個に自由に選択することができる。携帯に便にして価格の低きを最主とするがゆえに、外観を顧みざるも内容に至っては厳選最も力を尽くし、従来の岩波出版物の特色をますます発揮せしめようとする。この計画たるや世間の一時の投機的なるものと異なり、永遠の事業として吾人は微力を傾倒し、あらゆる犠牲を忍んで今後永久に継続発展せしめ、もって文庫の使命を遺憾なく果たさしめることを期する。芸術を愛し知識を求むる士の自ら進んでこの挙に参加し、希望と忠言とを寄せられることは吾人の熱望するところである。その性質上経済的には最も困難多きこの事業にあえて当たらんとする吾人の志を諒として、その達成のため世の読書子とのうるわしき共同を期待する。

昭和二年七月

ウォーラーステイン著／川北稔訳

史的システムとしての資本主義

資本主義をひとつの歴史的な社会システムとみなし、「中核／周辺」「ヘゲモニー」などの概念を用いて、その成立・機能・問題点を描き出す。

〔青N四〇一-一〕　定価九九〇円

鈴木淳編
高峰譲吉文集

いかにして発明国民となるべきか

アドレナリンの単離抽出、タカジアスターゼの開発で知られる高峰譲吉。日本における理化学研究と起業振興の必要性を熱く語る。

〔青九五二-一〕　定価七九二円

大木志門編

島崎藤村短篇集

島崎藤村（一八七二-一九四三）は、優れた短篇小説の書き手でもあった。一篇一篇を精選する。人生、社会、時代を凝視した作家が立ち現れる。

〔緑二四-九〕　定価一〇〇一円

……　今月の重版再開　……

森鷗外訳
アンデルセン

即興詩人 (上)

〔緑五-一〕　定価七七〇円

森鷗外訳
アンデルセン

即興詩人 (下)

〔緑五-二〕　定価七七〇円

定価は消費税10％込です　　　　2022.7

須藤靖編
20世紀科学論文集
現代宇宙論の誕生

宇宙膨張の発見、ビッグバンモデルの提唱など、現代宇宙論の基礎をなす発見と理論が初めて発表された古典的な論文を収録する。

〔青九五一-一〕 定価八五八円

カレル・チャペック作／阿部賢一訳
マクロプロスの処方箋

百年前から続く遺産相続訴訟の判決の日。美貌の歌手マルティの謎めいた証言から、ついに露わになる「不老不死」の処方箋とは？ 現代的な問いに満ちた名作戯曲。

〔赤七七四-四〕 定価六六〇円

カール・シュミット著／権左武志訳
政治的なものの概念

政治的なものの本質を「味方と敵の区別」に見出したカール・シュミットの代表作。一九三二年版と三三年版を全訳したうえで、各版の変化をたどる決定版。

〔白三〇-二〕 定価九二四円

太宰治作
右大臣実朝 他一篇

悲劇的な最期を遂げた、歌人にして為政者・源実朝の生涯を歴史文献『吾妻鏡』と幽美な文を交錯させた歴史小説。(解説＝安藤宏)

〔緑九〇-七〕 定価七七〇円

金素雲訳編
――今月の重版再開――
朝鮮童謡選

〔赤七〇-一〕 定価七九二円

金田一京助採集並二訳
アイヌ叙事詩 ## ユーカラ

〔赤八二-一〕 定価一〇二二円

定価は消費税10％込です　　　2022.8